CHAMBRE DE COMMERCE DE MONTPELLIER

LETTRES ET MÉMOIRES

RELATIFS

A LA

CRISE DES TRANSPORTS

PENDANT L'ANNÉE 1872

MONTPELLIER

IMPRIMERIE CENTRALE DU MIDI. — RICATEAU, HAMELIN ET Cᵉ

Rue de l'Observance, ancien Temple protestant

M·DCCC·LXXIII

CHAMBRE DE COMMERCE DE MONTPELLIER

LETTRES ET MÉMOIRES

RELATIFS

A LA

CRISE DES TRANSPORTS

PENDANT L'ANNÉE 1872

MONTPELLIER
IMPRIMERIE CENTRALE DU MIDI. — RICATEAU, HAMELIN ET Cᵉ
Rue de l'Observance, ancien Temple protestant

M DCCC LXXIII

La Chambre de commerce de Montpellier a publié, en 1871, un résumé de sa correspondance avec M. le Ministre des travaux publics, relative à la crise des transports.

Elle obéit aujourd'hui aux exigences d'une situation tout aussi difficile, en donnant la même publicité aux lettres et aux mémoires qu'elle a adressés sur ce même sujet, en 1872, à MM. les Ministres des travaux publics et du commerce, ainsi qu'à d'autres concernant divers travaux qui l'ont occupée pendan t cette année, en ce qui regarde les chemins de fer.

Elle a fait précéder ces documents (et il lui eût été facile de remonter beaucoup plus haut) de la copie d'une de ses délibérations, en date du 19 décembre 1867, et de la réponse de M. le Ministre des Travaux publics, qui prouvent surabondamment que la crise des transports de 1871 n'était pas seulement, ainsi que le prétendaient les Compagnies des chemins de fer, qu'une conséquence des désastres de la guerre, puisqu'elle avait eu de nombreux précédents, et qu'à ce moment déjà le détournement des marchandises destinées pour le nord de la France, par la voie directe ou indirecte des chemins de fer du Midi, était très-sérieusement proposé comme un moyen de dégagement pour les gares du réseau de Paris à Lyon et à la Méditerranée.

Montpellier, le 6 janvier 1873

CHAMBRE DE COMMERCE DE MONTPELLIER

LETTRES ET MÉMOIRES

RELATIFS

A LA CRISE DES TRANSPORTS

PENDANT L'ANNÉE 1872

I

Délibération de la Chambre de Commerce du 19 décembre 1857

Présents : MM. H. Pagézy, président; C. Blouquier, C. Léenhardt, Teisse-renc-Vallat, E. Vivarez, Bénézech, membres; Coste-Floret, membre correspondant; E. Roussel, secrétaire.

M. le Préfet de l'Hérault, président d'honneur, assiste à la séance.

M. H. Pagézy, président, attire l'attention de la Chambre sur une question dont elle s'est vivement préoccupée dans la dernière séance : l'encombrement des gares de la Compagnie des chemins de fer de Paris à Lyon et à la Méditerranée.

M. Vivarez déclare que la [fermeture de la gare des marchandises à Cette, quoique non sanctionnée par l'autorité, n'en existe pas moins de fait. Il cite plusieurs exemples à l'appui de son allégation.

M. le Président croit que le seul moyen de forcer les Compagnies de chemin de fer à remplir les obligations qui leur incombent, c'est d'employer la voie des Tribunaux ; seuls, ils trouvent dans la condamnation à des dommages l'efficacité nécessaire pour mettre un terme aux abus qui sont signalés.

Un membre, tout en approuvant l'opinion de M. le Président, regrette la nécessité pour le commerce d'engager des procès, dont le succès même, qui du reste est toujours douteux, entraîne des frais considérables.

M. Vivarez expose à la Chambre que l'encombrement de nos gares est le fait de la Compagnie de Paris à Lyon et à la Méditerranée. Celle-ci, en effet, aurait pu le prévenir : en mettant son matériel en rapport avec les besoins du commerce, en se procurant les waggons dont la Compagnie du Midi, ou autres moins occupées, peuvent facilement disposer, en augmentant le nombre des trains de marchandises. Du reste, il pense que, dans l'état actuel des choses, une disette de grains, coïncidant avec une grande abondance de vins, doit nécessairement amener l'encombrement de nos gares.

Il regretterait vivement que l'autorité vînt sanctionner de telles imprévoyances, en autorisant la fermeture des gares. Cette mesure, dont les conséquences sont on ne peut plus fâcheuses pour le commerce, a déjà été prise deux fois en cinq années ; l'autoriser une troisième serait dispenser la Compagnie des efforts qu'elle doit faire pour surmonter la situation. Au cas où une fermeture serait jugée indispensable, il émet le vœu que cette mesure soit générale ; qu'elle atteigne les marchandises de n'importe quelle provenance, celles de la Compagnie du Midi comme celles de Cette ; qu'enfin elle ne soit pas applicable à telle ou telle denrée seulement, mais que toutes subissent la loi commune.

A son avis, le seul moyen de dégager nos gares, et de prévenir une fermeture officielle, serait de faire écouler nos marchandises à destination de Paris par les lignes du Midi et d'Orléans. Il assure que les négociants n'hésiteraient pas à emprunter cette voie, si elle leur offrait des prix de transport de Cette à Paris semblables à ceux de la Compagnie de Paris à Lyon et à la Méditerranée. Il engage la Chambre à demander, temporairement, une égalité de tarif entre les deux voies, sauf à solliciter plus tard le maintien de cette mesure d'une manière définitive.

La Chambre, appelée à se prononcer, après avoir successivement entendu divers membres en leurs observations, prend la délibération suivante :

La Chambre de commerce de Montpellier,

Considérant :

Que l'abondance des expéditions de vins, coïncidant avec une disette de grains, qui exige le transport d'une grande quantité de blés étrangers expédiés par le port de Marseille, occasionne dans toutes les gares de la Compagnie des chemins de fer de Paris à Lyon et à la Méditerranée un encombrement qui retarde toutes les expéditions et leur enlève la régularité nécessaire aux opérations commerciales ;

Qu'il est urgent de prendre des mesures pour obvier à ces graves inconvénients ;

Que, tandis que la ligne de Paris à Lyon et à la Méditerranée est encombrée de marchandises de toute nature, celles des chemins de fer du Midi et d'Orléans sont, au contraire, bornées à leur trafic ordinaire,

Emet le vœu :

Que, par le soin et l'initiative de l'Administration, il intervienne un accord entre la Compagnie des chemins de fer du Midi et celle d'Orléans, pour réduire transitoirement le prix de transport des vins de Cette à Paris et le Nord au même tarif total que celui des mêmes marchandises, du même point de départ aux mêmes destinations, qui prennent la voie des chemins de fer de Paris à Lyon et à la Méditerranée.

Il résulterait de cette mesure un soulagement considérable, non-seulement pour la gare de Cette, qui fournit journellement un appoint de marchandises très-important à la ligne de Paris à Lyon et à la Méditerranée, mais aussi pour les autres gares de la Compagnie situées sur la rive droite du Rhône, qui pourraient ainsi disposer des moyens de transport laissés libres par les marchandises qui seraient dirigées sur Paris et le Nord, par les lignes du Midi et d'Orléans.

Ampliation de cette délibération sera immédiatement adressée à M. le Préfet de l'Hérault.

II

Réponse de **M**. le **Ministre des travaux publics** à **M**. le **Préfet**
de l'Hérault, au sujet de cette délibération

Paris, le 10 janvier 1868.

MONSIEUR LE PRÉFET,

Vous m'avez fait l'honneur de me transmettre, le 23 décembre dernier,
en l'appuyant de vos observations, une délibération par laquelle la Chambre
de commerce de Montpellier exprime le vœu que, pour faire cesser l'encombrement des gares de la rive droite du Rhône, l'Administration provoque
entre les Compagnies des chemins de fer du Midi et d'Orléans un accord, à l'effet
d'abaisser provisoirement le prix de transport des vins expédiés de Cette sur Paris
et le Nord, au niveau du tarif que la Compagnie de la Méditerranée applique
aux mêmes expéditions effectuées entre les mêmes points.

Je vous ferai observer, Monsieur le Préfet, que la mesure proposée par la
Chambre de commerce de Montpellier n'aurait pas pour résultat d'améliorer
sensiblement la situation. En effet, dès l'origine des encombrements, les Compagnies du Midi et d'Orléans ont mis à la disposition de la Compagnie de la Méditerranée tout le matériel qui n'était pas nécessaire aux besoins immédiats de leur
propre trafic.

Ainsi, dans la seconde quinzaine de décembre, cette dernière Compagnie em-
ployait en permanence 800 waggons empruntés au matériel du Midi et 500 waggons empruntés au matériel d'Orléans. Si les Compagnies qui exploitent ces deux
lignes avaient dû effectuer tout ou partie des expéditions de Cette sur Paris, elles
auraient donc pu y remettre leurs vins, non-seulement pour Paris et le Nord,
mais pour tous les points du réseau de la Méditerranée, à la seule condition
de payer, outre les droits de transmission (0 fr. 40), une taxe supplémentaire de

1 fr. 10 par tonne pour le transport de ladite gare au point de jonction des deux lignes, soit en tout 1 fr. 50 par tonne. Le prix de transport de Cette à Paris étant de 44 fr. 85 par tonne, un excédant de 1 fr. 50 est tout à fait insignifiant ; et cependant aucun expéditeur n'a jugé nécessaire de recourir à la combinaison que je viens d'indiquer.

Au surplus, la gare de Marseille se trouve, depuis le 25 décembre, complètement déblayée, et tout le matériel disponible a pu être reporté sur les gares de la rive droite du Rhône, dont le stock diminue de jour en jour, et qui, dans un délai très-prochain, seront désencombrées elles-mêmes. Les expéditions de vins vont donc reprendre, si ce n'est déjà chose faite, leur cours normal et régulier.

Veuillez, je vous prie, Monsieur le Préfet, communiquer les présentes observations à la Chambre de commerce de Montpellier.

Recevez, etc....

Le Ministre de l'Agriculture, du Commerce et des Travaux publics,

Signé : DE FORCADE

III

Rapport sur les Chemins de fer, présenté par M. Henri Pagézy, président, et délibération du 11 mars 1872

Séance du 11 mars 1872

Présents : MM. Henri PAGEZY, *président ;* Ch. MION, BLOUQUIER, J. BALDY, Ch. LEENHARDT, VIVAREZ, H. MARIGO, DURIVAGE, TEISSERENC-VALLAT, COSTE-FLORET; A. MONTEL, *secrétaire.*

. . . .
. . . .

L'ordre du jour appelle la discussion sur la question des Chemins de fer.

M. le Président fait le Rapport suivant :

L'attention de la Chambre de commerce a été appelée sur un projet de construction d'une nouvelle ligne de chemin de fer, de Calais à Marseille.

Les renseignements qui lui ont été fournis ne sont ni assez précis, ni assez complets, pour qu'elle ait pu se former une opinion bien arrêtée sur la concession demandée, et elle a cru devoir suspendre son appréciation jusqu'à un moment plus opportun.

Cependant, reconnaissant l'insuffisance des moyens de transport dont disposent aujourd'hui les départements du Midi, eu égard à l'importance de leur trafic, elle a voulu profiter de cette circonstance pour rechercher, en se renfermant strictement dans des considérations d'intérêt commercial, jusqu'à quel point la création d'une nouvelle ligne de Calais à Marseille servirait ces intérêts, et si un plus grand développement du réseau de la Compagnie des chemins de fer de Paris-Lyon-Méditerranée ne suffirait pas pour donner satisfaction à tous les besoins légitimes du commerce : tel est le but du Rapport que nous avons l'honneur de lui soumettre.

Personne n'ignore que, malgré ses efforts et le surcroît d'activité qu'elle a imprimé à ses opérations, la Compagnie des chemins de fer de Paris-Lyon-Méditerranée a été, pendant l'année 1871, absolument impuissante, comme les autres Compagnies, non-seulement à assurer, suivant les engagements de son cahier des charges, l'expédition régulière des marchandises qui lui étaient offertes, mais même à s'astreindre aux règles les plus élémentaires en matière de transports. L'Etat a dû intervenir, à plusieurs reprises, pour la soustraire aux conséquences de la responsabilité civile qu'elle avait encourue, et, par son fait, le commerce a été partiellement suspendu, pendant plusieurs mois, dans tout le midi de la France. Ce sont des faits matériels que nous nous bornons à constater, sans vouloir maintenant en déterminer ou en discuter les causes.

Les dommages éprouvés sur toute la ligne du Nord au Sud par le commerce et la production, par suite de cette crise des transports, doivent s'être élevés à un chiffre très-considérable, puisque la Chambre estime les pertes subies à cette occasion, par l'industrie vinicole seulement, dans le département de l'Hérault, et en ne tenant compte que des éléments directement appréciables, à une somme de plus de *dix millions*, dans laquelle la dépréciation des vins, qui, à défaut de moyens de transport, ont dû être livrés à la distillation, doit être comprise pour environ *six millions,* et l'excédant des frais de camionnage nécessité par l'encombrement des gares et de leurs abords, pour *deux millions et demi.*

Si la récolte de 1871 avait, pour la qualité comme pour la quantité, donné un produit équivalent à celui d'une année ordinaire, les mêmes difficultés de transport se seraient prolongées pendant presque toute l'année 1872, et les pertes réalisées auraient atteint un chiffre beaucoup plus élevé.

La guerre avec l'Allemagne et ses désastreuses conséquences ont, sans doute, été les principales causes de cette crise de transports ; mais elle en avait de plus anciennes et de plus spéciales, puisqu'elle ne s'est pas produite pour la première fois en 1871. Déjà, à différentes reprises, nous avions vu les gares fermées et les expéditions suspendues pendant de longs intervalles, sur la rive droite du Rhône, parce que la Compagnie Paris-Lyon-Méditerranée ne pouvait disposer de moyens de transport proportionnés aux besoins du commerce ; et l'on doit s'attendre à voir les mêmes difficultés se reproduire dans toutes les circonstances où des besoins extraordinaires de grains ou d'autres marchandises encombrantes, dans le centre et le nord de la France, coïncideront avec d'abondantes récoltes de vins dans le Midi.

Le développement du commerce extérieur amène, chaque année, dans les ports de mer, des quantités plus considérables de marchandises destinées à la consommation et à l'industrie nationales ; et, pour n'en citer qu'un seul exemple, nous constaterons que le mouvement du port de Cette s'est accru, malgré les désastres de la guerre, de plus de cent mille tonnes dans le courant de l'année dernière. La construction des réseaux secondaires et des chemins de fer d'intérêt local viendra, chaque année, apporter un nouveau contingent de marchandises aux artères principales des chemins de fer, de telle sorte que, si rien n'est changé à la situation actuelle, nous pouvons prévoir, dans un avenir prochain, un encombrement des grandes voies passé à l'état normal.

Cela est surtout vrai pour le chemin de fer de Lyon à la Méditerranée, aboutissant à deux ports de mer très-importants, recevant toutes les marchandises qui proviennent de la ligne du Midi, des vignobles du Gard et de l'Hérault, tous les produits des deux rives du Rhône, des affluents des lignes des Bouches-du-Rhône, de Vaucluse, de la Drôme, de la Vienne, de l'Isère, de l'Ardèche, de la Loire, et concentrant ces masses de marchandises sur une seule artère, depuis Arles jusqu'à Lyon.

L'expérience de l'année 1871 a prouvé combien peu de ressources l'on peut attendre de la navigation intérieure dans les moments de crise. La concurrence des chemins de fer a écrasé ou réduit à d'infimes proportions les entreprises de batellerie sur les fleuves et les canaux, de telle sorte que, lorsque, comme en 1871, les chemins de fer ne peuvent suffire à l'abondance des transports, le commerce ne trouve plus dans les voies de navigation les secours qui lui seraient nécessaires. On se heurte ainsi à un double écueil : d'un côté, les tarifs réduits des chemins de fer, et les autres avantages qu'ils présentent, ruinent la batellerie et ne lui permettent pas de se maintenir dans de bonnes conditions d'existence ; tandis que, de l'autre, le commerce et l'industrie ne peuvent se passer des tarifs réduits, et ont néanmoins le plus grand intérêt à la prospérité de la batellerie, afin de la faire servir de contre-poids au monopole des chemins de fer, et de trouver chez elle les ressources qui lui sont indispensables lorsque ceux-ci lui font défaut. C'est un problème qui ne peut être résolu que par l'amélioration des cours d'eau navigables, le rachat des canaux qui ne sont pas encore la propriété de l'Etat, l'abolition de tous les droits de parcours, ou, du moins, leur réduction jusqu'aux plus basses limites qu'il soit possible d'atteindre. Mais les circonstances actuelles ne permettent probablement pas d'espérer l'adoption de mesures pareilles avant une période de temps assez longue.

De ces diverses considérations ressort, d'après nous, la nécessité d'établir de nouvelles voies de communication entre le midi et le centre de la France, parce qu'on se révolte à l'idée de voir les transactions suspendues par le manque de moyens de transport : y pourvoira-t-on avec avantage par la construction d'une nouvelle ligne directe de chemins de fer, de Calais à Marseille ? Nous pensons que le même but pourrait être atteint par des moyens plus prompts, plus pratiques, beaucoup moins coûteux et plus directement utiles aux intérêts que nous représentons.

Le Gouvernement paraît s'être préoccupé de la nécessité de dégager la voie principale de Tarascon à Lyon, en faisant établir d'autres lignes parallèles, destinées à recevoir les marchandises provenant ou à destination des centres importants situés sur la rive droite du Rhône. C'est vraisemblablement dans ce but que les deux lignes d'Alais à Brioude, et d'Alais à Givors par la Voulte, ont été concédées à la Compagnie de Paris-Lyon-Méditerranée.

La ligne d'Alais à Brioude a dû, par suite des obstacles créés par la situation topographique des contrées qu'elle traverse, être établie dans des conditions de pentes et de courbes qui la rendent impropre à un transport un peu important de marchandises. Les difficultés et les frais de traction qu'elle présente y sont assez considérables pour permettre de ne considérer cette voie que comme destinée à desservir des intérêts locaux. Il n'y a donc lieu que d'en tenir un très-faible compte, en tant que débouché pour les produits provenant de la navigation et des foyers importants de production situés sur la rive droite du Rhône.

La ligne d'Alais à Givors par la Voulte, dont la construction n'est commencée que dans sa partie la plus rapprochée d'Alais, pourrait satisfaire aux besoins qui ont été déjà précisés, et rendre les deux rives du Rhône indépendantes l'une de l'autre, quant aux transports de provenance ou à destination du centre et du nord de la France. Mais l'utilité de cette ligne dépendra d'une double condition : il faut d'abord qu'elle soit construite avec une double voie, et d'après des données tout autres que celle d'Alais à Brioude, avec des pentes et des courbes qui permettent une circulation de marchandises aussi facile que ce qu'elle l'est sur la rive gauche du Rhône.

Les documents officiels nous manquent pour déterminer, par des chiffres précis, l'importance actuelle du trafic de la partie du chemin de fer située entre Tarascon et Cette, tant à la descente qu'à la remonte, et qui pourrait être détourné par cette nouvelle ligne, si elle était complétée ; mais nous croyons ne pas l'exagérer en la portant de 10 à 1,200,000 tonnes par an, soit de 3,000 à 3,500 tonnes par jour. Ce mouvement, qui serait encore accru par le trafic très-important du bassin d'Alais, exige évidemment un tracé qui comporte une traction facile et peu coûteuse, et par conséquent un système de pentes très-ménagées.

La seconde condition à remplir, condition non moins essentielle que la première, serait le prolongement du chemin de fer de Givors à Alais, par la construction d'une ligne directe d'Alais à Cette par Montpellier. La Chambre l'a plusieurs fois demandée, comme devant rendre plus actif et plus facile le débouché vers la mer des produits du bassin d'Alais, et la remonte des minerais, des bitumes et des autres produits encombrants destinés à ce centre industriel, et dont l'importation s'accroît chaque année dans le port de Cette.

La construction de la ligne d'Alais à Givors donne encore une bien plus grande importance à ce raccordement, qui compléterait, avec une large réduction de parcours, la ligne directe de la Méditerranée à Lyon par la rive droite du Rhône. La distance d'Alais à la mer par Marseille est de 177 kilomètres, tandis que, par la voie directe d'Alais à Cette, elle serait réduite à 88 kilomètres.

Les ports de mer sont les points principaux vers lesquels doivent tendre tous les chemins de fer, parce que c'est là plus qu'ailleurs que se trouvent les marchandises à transporter ou à déposer : ils ont besoin les uns des autres et se complètent mutuellement. Marseille est l'objectif de la rive gauche du Rhône; Cette doit être celui de la rive droite, dès l'instant surtout où une voie spéciale doit être établie dans cette direction. Peut-on suppléer à cette nécessité, qui s'impose d'elle-même, soit par des raccordements insuffisants des lignes secondaires que la Compagnie a établies à l'entrée des Cévennes, soit au moyen d'un détournement par Lunel et Nîmes, qui exige un accroissement de parcours de 50 kilomètres ? Cela est évidemment aussi contraire à la sûreté du trajet et aux intérêts permanents de la Compagnie qu'à ceux du commerce, pris dans leur acception la plus étendue; et la Chambre doit peser de toute son influence pour chercher à éloigner l'une et l'autre de ces solutions.

En demandant l'établissement d'un chemin de fer d'Alais à Cette, comme complément nécessaire à celui d'Alais à Lyon, nous ne soutenons pas ici nu intérêt local, intérêt qui n'est pas plus grand pour nous que ce qu'il l'est pour le commerce général de cette partie du Midi.

Il suffit de jeter les yeux sur une carte de France pour en faire connaître tous les avantages et apprécier jusqu'à quel point cette nouvelle voie, construite à travers une contrée peu accidentée, rendrait les relations plus sûres, plus faciles et moins coûteuses. Le port de Cette occupe en France le quatrième rang parmi les ports d'exportation, et son mouvement maritime, qui se développe chaque année, promet un aliment toujours plus abondant aux transports par les chemins de fer, s'il est placé dans des conditions qui rendent ses rapports avec l'intérieur de la France rapides et réguliers.

Cette solution nous paraît plus avantageuse qu'aucune de celles que nous avons étudiées : elle n'exige que la concession d'une nouvelle ligne de 60 kilomètres de longueur ; permet d'utiliser, en leur donnant plus d'importance, celles qui sont en construction sur la rive droite du Rhône, et qui doivent communiquer, par Saint-Étienne et Lyon, avec les lignes de l'Auvergne, du Bourbonnais, de la Bourgogne, de la Suisse et des départements de l'Est, et peut être réalisée dans un intervalle de temps relativement très-court.

Nous résumons dans les termes suivants les différentes considérations que nous venons de développer :

1° La crise de transports que nous avons récemment subie n'a pas été seulement causée par la guerre et ses conséquences : il s'en était déjà produit d'autres dans le Midi, quoique moins intenses, à différentes époques, et l'on peut s'attendre à les voir renaître plus fréquentes à l'avenir, par suite du développement croissant des transactions et de la mise en exploitation successive des réseaux secondaires et des chemins de fer d'intérêt local.

2° L'accroissement du matériel et l'agrandissement des gares contribueront à en diminuer l'intensité, mais leur remède le plus efficace sera le dégagement de la ligne unique existant sur la rive gauche du Rhône, d'Arles à Lyon, et l'attribution à la rive droite d'une ligne particulière, destinée à recevoir les marchandises provenant ou à destination des chemins de fer du Midi, du port de Cette et des départements de l'Ardèche, du Gard et de l'Hérault.

3° Cette combinaison peut être facilement réalisée par la construction, concédée à la Compagnie Paris-Lyon-Méditerranée, de la ligne d'Alais à Givors, mais pourvu qu'elle soit établie dans des conditions de viabilité qui en rendent la circulation facile à des trains nombreux et considérables de marchandises, et surtout qu'elle soit mise directement en rapport avec la mer par la construction d'un chemin de fer d'Alais à Cette, par la voie la plus courte.

De très-grands ménagements sont certainement dus aux immenses intérêts engagés dans la Compagnie des chemins de fer de Paris-Lyon-Méditerranée ; mais les intérêts généraux du pays en méritent encore davantage, et la Chambre a dans ses attributions le devoir d'y veiller.

Nous venons d'exposer quels sont, quant aux moyens de transport, les besoins légitimes du sud-ouest de la France et quel est, à notre avis, le moyen le plus pratique d'y subvenir. Nos demandes sont très-modestes ; mais si, pour des motifs qu'il ne nous est pas permis de prévoir, cette Compagnie croyait devoir s'y refuser, nous proposerions à la Chambre de demander au Gouvernement qu'il fît étudier les avantages qui résulteraient, soit au point de vue de la concurrence, soit à celui d'un service plus régulier, de la concession à d'autres compagnies de nouvelles lignes de chemins de fer, de la Manche à la Méditerranée.

Après avoir entendu la lecture de ce Rapport et les observations de plusieurs de ses membres, la Chambre, approuvant entièrement les vues qui y sont exposées, en adopte les conclusions.

Elle décide qu'une copie de ce Rapport et de la présente délibération sera transmise à M. le Ministre des travaux publics, afin qu'il veuille bien les soumettre à l'examen de la Commission centrale des chemins de fer, et qu'une seconde expédition sera, en outre, adressée à M. le Préfet de l'Hérault, avec prière de la mettre sous les yeux du Conseil général du département, de la part duquel elle sollicite l'émission d'un vœu pour l'application immédiate des mesures qui y sont recommandées.

IV

Envoi du Rapport sur les Chemins de fer à M. le Ministre des travaux publics

Montpellier, le 25 mars 1872

MONSIEUR LE MINISTRE,

Nous avons l'honneur de vous transmettre une délibération de la Chambre de commerce, sur les difficultés des transports par chemins de fer.

Elle recommande à votre sollicitude le rapport et les conclusions qui en font l'objet, comme indiquant le seul moyen possible de remédier à ces difficultés.

Veuillez agréer, etc.

Le Président de la Chambre de commerce,

HENRI PAGÉZY

V

Lettre à M. le Préfet de l'Hérault.

Montpellier, le 14 mars 1872.

MONSIEUR LE PRÉFET,

Nous avons reçu de votre part communication des propositions faites par la Compagnie des chemins de fer de P.-L.-M., pour régler la marche des trains sur la section de Lunel à Ganges, l'ouverture étant fixée au 11 mars prochain.

En vous renvoyant les pièces communiquées, j'ai l'honneur de vous faire connaître l'avis de la Chambre sur ces propositions.

Elle exprime le regret du défaut de concordance qui va exister entre l'arrivée du premier train de Cette et Montpellier à Lunel, et le départ du train de Lunel pour Ganges.

Elle croit qu'il conviendrait, pour la bonne organisation du service d'été, cette bonne organisation si nécessaire aux nombreux commerçants qui descendent régulièrement de la montagne, que la marche des trains pût être ainsi réglée : que le train qui part de Cette à cinq heures quinze minutes du matin concordât avec le train qui doit partir de Lunel pour Ganges à six heures quinze minutes, de telle sorte qu'il y eût possibilité et facilité pour les intéressés d'aller à Ganges et d'en revenir en une seule journée. Il suffirait, pour que la concordance eût lieu, d'une avance d'une demi-heure au départ de Cette et d'une attente de quelques minutes à Lunel, pour les voyageurs arrivant de Nîmes.

Elle profite de cette circonstance pour exprimer encore cet autre regret que la Compagnie ait autorisé, pour tous les jours de la semaine et avec réciprocité, des billets d'aller et de retour dans la plus grande partie des gares de Gallargues à Ganges à destination de Nîmes, tandis qu'elle n'en autorise que pour deux jours, et sans réciprocité, pour Montpellier.

Elle constate avec peine que les différentes conditions d'établissement de tarifs et de fixation de la marche des trains rendront, pour Montpellier et ses environs, le trajet pour Ganges et les Cévennes plus facile par les diligences que ce qu'il l'est par le chemin de fer.

Pour ce qui concerne le service des marchandises, la Chambre n'a aucune observation à faire.

Veuillez agréer, etc.

Le Président de la Chambre de commerce,
HENRI PAGÉZY.

VI

Lettre à M. le Ministre des travaux publics

Montpellier, le 21 mai 1872.

MONSIEUR LE MINISTRE,

Aussitôt après avoir reçu communication de l'ordre de service proposé par la Compagnie de Paris à Lyon et à la Méditerranée, pour la marche des trains sur la section de chemin de fer de Lunel à Ganges, la Chambre s'empressa de s'adresser à M. le Préfet de l'Hérault, pour le prier de se rendre, auprès de Votre Excellence, l'organe des plaintes unanimes qu'il avait soulevées chez tous les commerçants du département.

Une lettre de Votre Excellence, en date du 27 avril dernier, dont ce magistrat a bien voulu lui envoyer la copie, annonce que vous avez cru devoir donner votre approbation à cet ordre de service, et vous borner à demander, à l'occasion de son renouvellement pour le service d'été, quelques modifications qui permettent aux habitants de Quissac, Sauve et Saint-Hippolyte, de pouvoir se rendre au Vigan et en revenir dans la même journée, après avoir eu le temps nécessaire pour y faire leurs affaires.

La Chambre en a été très-péniblement affectée, et nous pouvons ajouter que cette décision a produit dans tout le département de l'Hérault un sentiment voisin de l'irritation.

D'après cet ordre de service, deux trains seulement, partant de Montpellier au milieu de la journée, correspondent avec la nouvelle ligne, de telle sorte qu'il devient impossible de se rendre de Montpellier à Ganges et d'en revenir dans la même journée, après y avoir séjourné pendant le temps le plus strictement nécessaire.

Les mêmes circonstances se reproduisent pour le trajet de Ganges à Montpellier. Il y a bien plus encore : des billets à prix réduits sont distribués dans les gares de toute la ligne, tous les jours, pour Nimes, *avec réciprocité ;* tandis que, pour la direction de Montpellier, il n'en est donné que deux fois par semaine, *sans réciprocité.*

Les conséquences de cette situation nouvelle, faite à des contrées dont les relations avec l'Hérault étaient constantes et séculaires, se déduisent forcément : le canton de Ganges, qui fait partie de ce département et que tous ses intérêts administratifs, judiciaires, commerciaux et financiers, attachent à ses principaux centres, va en être virtuellement détaché.

Les relations officielles subsisteront encore, parce qu'elles seront forcées; quant à celles qui ne dépendent que de la convenance ou de la volonté, elles seront évidemment détournées par une plus grande facilité et une économie de rapports avec le département voisin.

Le courant établi par ce nouvel état de choses aura, d'ici à peu de temps, assez profondément modifié des rapports et des habitudes séculaires, pour que ce canton ne conserve plus avec le département de l'Hérault que des relations officielles, et qu'il puisse en être séparé lorsqu'on le voudra, sans secousse et sans lésion pour les intérêts.

Les mêmes observations peuvent être faites en ce qui regarde toute la partie des Cévennes située dans le même rayon, avec laquelle le département de l'Hérault avait de tout temps été lié par un mouvement commercial très-actif, qui va être forcément interrompu.

Le département tout entier a cru reconnaître, dans cette différence incroyable que la Compagnie P.-L.-M. a établie entre deux fractions identiques du même réseau, une preuve nouvelle de la partialité et du mauvais vouloir avec lesquels elle n'a cessé de le traiter depuis sa création, quoiqu'il soit un des foyers les plus abondants de son trafic ordinaire.

Au lieu d'établir une ligne de Lunel au Vigan, ainsi que le prescrivait la loi de concession, la Compagnie, malgré les réclamations nécessaires de la Chambre de commerce, du Conseil général de l'Hérault et de ce département tout entier, a cru devoir porter le point de départ de ce chemin à six kilomètres au delà de Lunel, hors des limites du département; et, non contente de cette infraction à ses engagements, elle vient d'y en ajouter une nouvelle : ce chemin est situé sur la ligne de partage du Gard et de l'Hérault; la distance du point de jonction à la ligne principale est la même jusqu'aux chefs-lieux des deux départements, et nous voyons l'un des deux côtés favorisé par une réduction de moitié dans les tarifs de transport et par des heures de départ et d'arrivée correspondant directement avec celles de tous les trains qui l'intéressent, tandis que l'autre est volontairement placé dans une situation presque complétement opposée.

Dans ses réponses au Questionnaire qui lui a été adressé par la Commission d'enquête législative sur le régime des chemins de fer, la Chambre de commerce a insisté sur ce fait, qu'il suffit aujourd'hui de la volonté des Compagnies, aidée par une erreur ou un défaut de renseignements de la part des agents du contrôle, pour ruiner une localité, ou même toute une contrée, au profit d'une autre, au moyen des tarifs différentiels ou de différences dans le mode d'exploitation. Ce qui se passe pour le chemin de fer de Lunel au Vigan en est une preuve nouvelle, sur laquelle il est impossible de se méprendre.

Le Conseil général du département s'en est très-vivement ému et a émis un vœu très-énergique à ce sujet, dans sa dernière session.

Aussi la Chambre vous supplie-t-elle, Monsieur le Ministre, de vouloir bien vous faire présenter l'ordre de service actuellement appliqué sur cette ligne, et demeure-t-elle persuadée que votre connaissance personnelle des lieux et des situations vous engagera à provoquer des modifications qui rétablissent entre ces deux côtés une égalité nécessaire.

Elle demande donc que les premiers trains partant le matin de Cette et de Montpellier d'une part, et de Ganges de l'autre, correspondent avec les premiers trains se dirigeant dans les deux sens, et qu'il en soit de même pour les deux trains du soir ;

Qu'il soit distribué chaque jour des billets à prix réduit, avec réciprocité, dans la direction de Cette et de Montpellier, comme ils le sont dans celle de Nîmes.

Elle compte, pour le redressement de ces griefs trop réels, sur toute votre justice, et vous prie de recevoir l'assurance de ses sentiments les plus respectueux.

Le Président de la Chambre de commerce,

HENRI PAGÉZY.

VII

Lettre à M. le Président de la Commission d'enquête législative sur le régime des chemins de fer, la navigation intérieure et le cabotage

Montpellier, le 30 mai 1872.

Monsieur le Président,

J'ai l'honneur de vous envoyer les réponses que la Chambre de commerce de Montpellier a faites aux Questionnaires que vous lui avez adressés sur le mode d'exploitation des chemins de fer, ainsi que sur la navigation intérieure et le cabotage.

Elle s'est strictement bornée à répondre directement aux questions qui lui étaient posées, sans chercher à y mêler des considérations plus générales, qu'il est cependant nécessaire de ne pas négliger.

L'insuffisance des moyens de transport du sud-est de la France, dans la direction du Nord, est aujourd'hui un fait qui ne peut laisser de doute. Les deux rives du Rhône fournissent à l'unique artère que le chemin de fer de P.-L.-M. possède vers le Nord, depuis Arles jusqu'à Lyon, des éléments de transport dont cette Compagnie connaît seule l'importance réelle, mais qui ne doivent pas être inférieurs à une moyenne de 10 ou 12,000 tonnes par jour. Pendant une partie de l'année, les transports conservent leur régularité; mais il arrive fréquemment que, dès le mois d'octobre, les encombrements se produisent, surtout lorsqu'une récolte insuffisante, en France, exige des importations considérables de céréales.

La prochaine ouverture de quelques lignes secondaires et d'un grand nombre de chemins de fer d'intérêt local ne peut que donner plus d'activité à ce mouvement de marchandises sur l'artère principale d'Arles à Lyon, et il est très-urgent d'y pourvoir.

La Chambre de commerce de Marseille s'en est émue comme nous, et elle a demandé la concession d'une deuxième ligne de chemin de fer de Calais à Marseille. Nous avons pensé, quant à nous, que le même but pourrait être atteint d'une manière plus pratique et mieux appropriée aux circonstances actuelles, par l'établissement sur la rive droite du Rhône d'une deuxième ligne parallèle au fleuve, se dirigeant de Cette sur Lyon par Alais, construite dans des conditions de viabilité qui permissent une circulation facile à des trains considérables de marchandises, destinée à absorber l'immense affluent de transports provenant de la rive droite du Rhône et déchargeant d'autant la ligne d'Arles à Lyon, qui serait dès lors exclusivement réservée au service de Marseille, d'Arles, d'Avignon et des petites lignes qui viennent aboutir sur la rive gauche.

Les deux parties extrêmes de la ligne dont la Chambre sollicite l'établissement complet, celles de Cette à Montpellier et de Givors à Lyon, existent depuis longtemps et sont exploitées par la Compagnie P.-L.-M. La section d'Alais au Pouzin et à Givors a été concédée à la même Compagnie, qui a même commencé les travaux dans la partie la plus rapprochée d'Alais. Un seul tronçon de 60 kilomètres reste encore à concéder pour compléter cette ligne par la voie la plus courte : c'est celui de Montpellier à Alais, qui à l'avantage qu'il aurait de rapprocher très-sensiblement de la mer ce puissant foyer d'industrie, ajouterait celui de n'imposer, par son faible parcours, que des sacrifices hors de proportion avec l'extrême importance des résultats qu'il produirait.

Il y aurait donc, suivant le projet recommandé par la Chambre, deux lignes se dirigeant parallèlement de Lyon par la Méditerranée, l'une par la rive gauche, l'autre par la rive droite du Rhône : la première, desservant Marseille et tous les affluents de cette région ; l'autre, se dirigeant directement sur Cette par Alais et la voie la plus directe, et recevant toutes les marchandises qui proviennent de ce port, des chemins de fer du Midi et des départements essentiellement producteurs de l'Hérault, du Gard et de l'Ardèche. Nous pouvons constater que la quantité de marchandises fournie actuellement à la ligne principale du chemin de fer de Paris à Lyon et à la Méditerranée, par l'embranchement de la rive droite du Rhône, est à peu près équivalente à celle qu'elle reçoit de la rive gauche jusqu'à Tarascon.

Quant à la navigation intérieure par les fleuves et les canaux, le Midi possède les plus belles lignes qui existent en France : le canal latéral à la Garonne et celui du Languedoc, l'étang de Thau, les canaux des Etangs et de Beaucaire, mettent en rapport le Sud-Est et le Sud-Ouest par la voie la plus directe. Les canaux du Lez et de Lunel les font communiquer avec des villes importantes; le Rhône leur donne débouché vers le Nord et le Nord-Est. Mais ce splendide système de navigation est aujourd'hui presque complètement annihilé par suite de causes diverses.

Le canal latéral à la Garonne et celui du Languedoc, qui dépendent de la Compagnie des chemins de fer du Midi, et dont les tarifs sont calculés de manière à préserver celle-ci d'une concurrence possible, sont presque improductifs entre ses mains, et l'on peut pour cela s'en rapporter aux résultats indiqués par les rapports annuels publiés par cette Compagnie.

Le canal des Étangs, aujourd'hui propriété de l'État, n'est pas l'objet des allocations nécessaires pour le maintenir dans un bon état d'entretien ; il n'a pas une profondeur suffisante, et est encore embarrassé par quelques hauts fonds dangereux pour la navigation. Le canal de Beaucaire, appartenant à une Compagnie particulière, reste encore soumis à des tarifs relativement élevés. Enfin ceux du Lez et de Lunel, généralement en très-mauvais état, ont des tarifs exorbitants, qui pour le premier remontent au XVIIe siècle. Quant au Rhône, il reste encore beaucoup de travaux à faire pour le rendre navigable en toute saison.

D'un autre côté, ces divers points navigables, appartenant les uns à l'État, les autres à des Compagnies particulières, ont des tarifs qui diffèrent les uns des autres dans des proportions excessives. Le canal des Étangs, sur lequel le droit de péage est presque insignifiant, aboutit par ses deux extrémités aux canaux de Beaucaire et du Languedoc, dont les tarifs sont beaucoup plus élevés, et trouve sur son parcours ceux du Lez et de Lunel, avec des tarifs excessifs. Il y a là une cause évidente de décadence, qui est encore aggravée par la concurrence qu'ils rencontrent dans les chemins de fer parallèles à leur parcours.

Ainsi que la Chambre n'a cessé d'en exprimer le vœu, le seul remède à ce fâcheux état de choses, qui annihile un des éléments les plus intéressants de la richesse nationale, serait le rachat de tous les canaux par l'État, l'allocation de crédits suffisants pour les mettre et les maintenir en bon état, ainsi que les fleuves navigables, et la réduction des tarifs jusqu'aux plus basses limites qu'il soit possible de leur assigner.

Peut-on espérer rien de pareil dans les circonstances actuelles ?

La Chambre ne peut se permettre aucune opinion à ce sujet, et s'en rapporte entièrement aux appréciations de la Commission que vous présidez.

4

La Chambre a peu de chose à dire au sujet du grand et du petit cabotage.

Le nombre de navires qui se cons acrent à cette navigation s'est certainement réduit; mais le tonnage des marchandises transportées a été loin de diminuer dans les mêmes proportions. Ces deux faits se rapportent à des causes toutes naturelles : d'une part, la substitution graduelle et toujours plus accentuée de les marine à vapeur à la marine à voile permet aux navires de multiplier leurs voyages dans un intervalle de temps très-court, le plus souvent avec un tonnage plus élevé; de l'autre, la concurrence incessante que les chemins de fer font à la navigation côtière, au moyen des tarifs différentiels et communs, la privent d'une partie du fret dont elle avait jusqu'alors le monopole. L'un est la conséquence de l'autre, et c'est une des nécessités produites par la marche naturelle des événements et l'application à l'industrie des conquêtes de la science.

La Chambre s'en rapporte, quant aux détails, aux réponses à vos Questionnaires, qu'elle a l'honneur de vous transmettre, et qui, pour être suffisamment développées, auraient exigé une étendue qu'il ne lui était pas possible de leur donner.

Recevez, Monsieur le Président, etc.

Le Président de la Chambre de commerce,

Henri PAGÉZY.

P.S. — J'ai l'honneur de vous envoyer en même temps quelques exemplaires d'un rapport présenté à la Chambre, au sujet des chemins de fer dans le midi de la France, et d'une décision conforme prise par la Chambre à cet égard.

VIII

Réponses au Questionnaire de la Commission d'enquête législative sur le régime des Chemins de fer

PREMIÈRE QUESTION. — Quelles sont les principales marchandises et denrées composant le trafic de votre région, tant au départ qu'à l'arrivée, par chemin de fer, voie navigable et roulage?

R. — Les principales marchandises qui composent le trafic de notre région sont, au départ : les vins et leurs dérivés, — les tartres, les crêmes de tartre et les verts-de-gris, — les alcools, les minerais, les bitumes, les sels, les soufres, les produits manufacturiers; — à l'arrivée : les houilles, les fers, les grains et farines, les laines, les futailles vides et tous les produits nécessaires à l'alimentation et à l'industrie. — Les vins prennent la part la plus considérable dans le mouvement général du trafic.

DEUXIÈME QUESTION. — Quels sont les résultats produits dans votre région par les tarifs spéciaux, différentiels, communs, d'exportation ou internationaux? — Y a-t-il des anomalies ou des contradictions dans ces différents tarifs actuellement en vigueur? — Y a-t-il des inégalités créées ainsi entre les producteurs ou consommateurs de localités différentes?

R. — Les tarifs spéciaux, communs et différentiels, ont généralement produit des résultats avantageux, en ce qu'ils ont rendu moins coûteuse et plus facile l'expédition des marchandises dans des lieux où l'élévation des tarifs ordinaires ne permettait pas de les recevoir. Ils présentent cependant de graves inconvénients : la batellerie et le cabotage en ont surtout gravement souffert. Ils créent des inégalités entre les producteurs et les consommateurs de localités différentes, et il suffit de la volonté des Compagnies, favorisée par un défaut d'attention ou une erreur de la part du contrôle, pour établir la prédominance absolue d'une localité sur une autre.

Les anomalies que présente ce système sont souvent criantes, et nous citerons, entre autres, ce fait que les expéditeurs de marchandises destinées à Arles pour Bordeaux trouvent plus d'avantage à les faire rétrograder sur Marseille, pour qu'elles y jouissent du tarif spécial, que de les expédier directement à leur destination.

Aussi la Chambre a-t-elle plusieurs fois recommandé, pour y remédier, une modification au système actuel, qui sera reproduite dans la réponse à la question n° 7.

Nous n'établissons d'exceptions que pour les tarifs internationaux et ceux d'exportation : les premiers favorisent le transit et fournissent un aliment important au mouvement maritime. Il serait cependant à désirer que les industries françaises établies dans un rayon rapproché des frontières pussent y participer dans une certaine mesure, la différence des prix de transport qu'ils ont à supporter avec ceux dont jouissent les fabriques étrangères situées dans leur voisinage créant à leur détriment les éléments d'une concurrence redoutable.

Quant aux tarifs d'exportation, ils sont très-directement utiles au commerce et à l'industrie ; il importe cependant à l'intérêt de quelques ports de mer qu'ils ne soient pas trop exclusivement différentiels.

TROISIÈME QUESTION. — Quelles sont les marchandises et denrées dont la production ou la consommation serait augmentée par des réductions de tarifs? — Indiquer autant que possible la relation entre l'abaissement des tarifs et l'augmentation du tonnage pour les principales marchandises.

R. — Des réductions de tarifs devraient nécessairement augmenter la circulation de toutes les marchandises sur les chemins de fer; elles faciliteraient l'échange entre des localités éloignées, surtout pour les produits de peu de valeur. Nous citerons, à cet égard, pour notre région : les fourrages, les pailles, les engrais et même les vins, quoiqu'ils soient d'un prix plus élevé. Nous avons sollicité depuis longtemps et demandons encore un abaissement du tarif des futailles vides, qui en accroîtrait certainement beaucoup la réexpédition. Mais il est impossible de déterminer, même approximativement, l'excédant de tonnage auquel ces réductions donneraient lieu, et qui serait naturellement proportionné à leur degré d'importance.

QUATRIÈME QUESTION. — Quelles sont vos observations sur la classification actuelle des marchandises du *Tarif général* ?

R. — Les principales marchandises expédiées étant l'objet de tarifs spéciaux, les classifications du tarif général ont maintenant une moindre importance. Nous devons cependant signaler, pour notre région : les cristaux de tartre, qui, quoique plus lourds et moins épurés, sont classés dans une série inférieure à celle des crèmes de tartre, dont l'épuration est complète et la valeur plus élevée.

CINQUIÈME QUESTION. — Dans quelles conditions se fait la circulation des marchandises lorsqu'elles passent sur plusieurs réseaux ? — Les différences de tarifs sur les diverses Compagnies sont-elles un obstacle sérieux aux relations commerciales ?

R. — Les différences de tarifs sur les divers réseaux sont une source de difficultés pour les relations commerciales, en ce sens qu'elles sont d'un contrôle impossible pour la plupart des expéditeurs et qu'elles amènent fréquemment des taxations inexactes. Il faut, en effet, une étude très-attentive pour se rendre compte avec exactitude du prix de transport d'une localité à une autre, lorsque la marchandise doit traverser plusieurs lignes différentes.

Les employés des Compagnies, pressés par le travail, ont souvent de la peine à s'y retrouver, et c'est de là principalement que proviennent les nombreuses réclamations en détaxe formées soit par les Compagnies elles-mêmes, soit par les expéditeurs.

Les transmissions d'une Compagnie à une autre amènent aussi d'autres difficultés, dont une a été depuis longtemps l'objet des réclamations de la Chambre. D'après un traité conclu entre les deux Compagnies P.-L.-M. et des chemins de fer du Midi, toutes les marchandises remises de l'une à l'autre doivent être expédiées immédiatement, et par préférence à toutes les autres.

Il n'y a aucune difficulté pour les waggons chargés, qui poursuivent leur trajet d'un réseau sur un autre ; mais la Chambre soutient que, dès l'instant où ils rompent charge, les marchandises qu'ils déposent sont, comme toutes les autres, soumises aux conditions de l'article du cahier des charges d'après lequel *toutes les marchandises, quelle que soit leur provenance, doivent être expédiées, sans préférence, suivant leur ordre d'inscription sur le registre d'entrée.*

Les Compagnies de chemin de fer, étant des personnes civiles, doivent être soumises aux mêmes conditions que les autres particuliers. Cette difficulté a été soulevée depuis plusieurs années, par suite de cette circonstance que, lorsque les expéditions locales sont suspendues dans les gares de jonction du Midi et de la Méditerranée, ce qui se représente fréquemment, les marchandises provenant du réseau voisin circulent sans retard et sans difficultés, pendant que celles qui proviennent des localités elles-mêmes attendent, souvent pendant longtemps, le moment où elles pourront être expédiées. Il en résulte cette anomalie que, pour hâter les expéditions, bon nombre de négociants envoient par charrettes leurs marchandises à la station la plus rapprochée du réseau voisin, d'où elles sont régulièrement expédiées. Elles traversent ainsi les gares de jonction, à la porte desquelles les autres marchandises locales demeurent arrêtées.

Sɪxɪèᴍᴇ ǫᴜᴇsᴛɪᴏɴ. — Y a-t-il lieu de réclamer une classification uniforme pour les différentes Compagnies, en prenant pour base de cette classification la valeur des marchandises, leur volume, les distances parcourues ?

R. — La Chambre croit qu'une classification uniforme, d'après les bases indiquées par la question, offrirait des avantages, sauf les conditions qui vont être relatées dans la réponse à la question suivante.

Sᴇᴘᴛɪèᴍᴇ ǫᴜᴇsᴛɪᴏɴ. — Y a-t-il lieu de réclamer un même tarif kilométrique, qui serait appliqué en considérant toutes les lignes des différents réseaux comme les prolongements les uns des autres?

R. — La Chambre a depuis longtemps recommandé l'application, en France, du principe qui a réglé la rédaction du tarif belge, c'est-à-dire trois classes de marchandises sans série, et des prix de transport décroissant en raison directe de l'accroissement des distances parcourues. Il n'y a d'exception que pour les tarifs internationaux et les tarifs d'exportation. Ce système réunit l'avantage d'une grande simplicité à celui d'une règle invariable, qui ne permet pas de modifier à volonté, et pour des motifs particuliers, les avantages ou les inconvénients attachés à des situations acquises ou naturelles.

HUITIÈME QUESTION. — Quel est le parcours moyen des principales marchandises que reçoit ou qu'expédie votre région ?

R. — Les Compagnies de chemin de fer sont seules en mesure d'indiquer le parcours moyen des principales marchandises que reçoit ou qu'expédie notre région. Cependant, en nous référant à des appréciations très-approximatives, nous l'estimons à 300 kilomètres environ.

NEUVIÈME QUESTION. — Serait-il possible d'organiser les réceptions ou les expéditions de certaines marchandises par waggons ou trains complets? Spécifier ces marchandises.

R. — Les réceptions ou les expéditions de marchandises par trains complets nous paraissent bien difficiles à établir ; elles dépendent évidemment de l'abondance de ces marchandises, qui peut varier d'un jour à l'autre. La Chambre croit plus convenable de laisser l'organisation des trains à la direction et sous la responsabilité des Compagnies, pourvu que les conditions de délai soient respectées.

DIXIÈME QUESTION. — Certains produits, susceptibles d'être emmagasinés, pourraient-ils être transportés à prix réduit pendant l'été, afin d'éviter les encombrements qui se produisent chaque année en automne?

R. — Cela nous paraît impossible et contraire, d'ailleurs, aux plus simples éléments de la pratique commerciale, pour laquelle la rapidité des livraisons est, sous une foule de rapports, une des conditions les plus essentielles.

ONZIÈME QUESTION. — Quelles sont vos observations sur les détails de livraison actuellement en vigueur? — Y aurait-il avantage, pour certaines marchandises, à avoir la faculté de payer des augmentations sur le tarif général, pour obtenir des augmentations de vitesse?

R. — La Chambre ne pense pas qu'il pût résulter des avantages appréciables de l'établissement d'un système de vitesse moyenne, tenant le milieu entre la grande et la petite vitesse. Elle croit que les délais de livraison actuellement pratiqués pourraient être abrégés, sans accroissement des tarifs de transport, par une accélération des trains de petite vitesse, ainsi que cela se pratique dans d'autres contrées.

DOUZIÈME QUESTION. — Des réclamations sont-elles faites relativement à l'insuffisance, soit du personnel, soit du matériel, soit des gares et voies de garage des Compagnies? — Ces réclamations, s'il en existe, sont-elles fondées?

R. — Des réclamations très-fondées se sont fréquemment élevées au sujet de l'insuffisance du matériel et de l'étendue des gares dans le département de l'Hérault. Toutes les gares y sont trop restreintes pour le trafic, celles de la Compagnie du Midi comme celles de P.-L.-M.

La gare maritime de cette dernière Compagnie, à Cette, ne permet que des opérations de chargement et de déchargement assez réduites pour obliger souvent jusqu'à trente navires d'attendre leur mise à quai pendant un mois entier.

La Chambre a plusieurs fois communiqué à M. le Ministre des Travaux publics des tableaux indiquant les dates d'entrée, de mise à quai, et la durée du stationnement de navires, pendant diverses périodes, qui témoignent de la sincérité de ces réclamations.

Les difficultés sont les mêmes dans le port d'Agde, où le complément des travaux nécessaires pour achever la gare maritime est inutilement sollicité depuis longtemps.

Quant aux gares de l'intérieur, elles ont été construites à des époques ou personne ne soupçonnait l'importance du trafic qu'elles centraliseraient, et il est évident à tous les yeux qu'elles doivent maintenant être considérablement agrandies. Dans beaucoup de stations rurales, on voit, au moment des expéditions, les champs voisins des gares couverts de futailles pleines, exposées à toutes les intempéries de la saison et à des fraudes très-regrettables.

Dans les villes, l'impossibilité de s'étendre au dehors des gares amène la nécessité, à certaines époques, d'en refuser l'entrée aux marchandises qui y sont apportées, et, dans tous les cas, de très-grandes difficultés et beaucoup de lenteurs dans la manutention.

La Chambre n'a cessé, depuis un grand nombre d'années, de se plaindre de l'insuffisance du matériel : il est rare que, du mois d'octobre au mo·s de mars, les waggons ne fassent pas défaut, et les Compagnies n'en accroissent évidemment pas le nombre en proportion de l'augmention du trafic. Nous avons encore une autre réclamation à présenter à ce sujet : Marseille étant le point le plus important du réseau dans le Midi, tout est sacrifié au besoin de pourvoir à ses exigences avant toute chose, et, pendant que nos gares manquent souvent du nécessaire, les expéditions de Marseille conservent à peu près toute leur régularité. Durant la dernière crise, la gare de Marseille a été ouverte tous les jours, lorsque celles de l'Hérault et du Gard ne l'étaient, faute de matériel, que deux fois la semaine pendant la période la plus favorable ; Cette, notamment, ne l'a été que pendant dix-sept heures en totalité, dans un intervalle de cinquante-cinq jours.

Il y a évidemment beaucoup à faire sous ce rapport.

Le personnel des bureaux, comme celui de la manutention, a aussi besoin d'être augmenté : beaucoup de retards dans les expéditions proviennent de l'insuffisance du nombre des employés.

TREIZIÈME QUESTION. — Les expéditions à destination en gare sont-elles une cause d'éncombrement, notamment dans les circonstances actuelles?

R. — Les expéditions en gare ne peuvent être supprimées: une mesure pareille aurait certainement des conséquences fâcheuses pour le commerce ; mais le séjour trop prolongé des marchandises dans les gares est une cause évidente d'encombrement, auquel il est urgent de rémédier.

Il est cependant à désirer que le délai pour les retirer soit reporté à quarante-huit heures après la date de la mise à la poste des lettres d'avis, celles-ci n'étant souvent remises à leurs destinataires qu'à une heure trop avancée pour qu'ils puissent faire retirer leurs marchandises dans le courant de la journée.

QUATORZIÈME QUESTION. — La création d'entrepôts privés serait-elle de nature à favoriser les déchargements rapides des waggons, et à augmenter la puissance d'expédition et de réception des gares actuelles.

R. — Il vaudrait mieux recourir à des agrandissements des gares qu'à la création d'entrepôts privés, ceux-ci devant nécessairement charger les marchandises de frais supplémentaires de toute nature. Mais, comme ces agran-

5

dissements ne peuvent s'improviser, l'emploi des tiers consignataires ou des entrepôts privés doit rester momentanément nécessaire.

Le commerce demande d'ailleurs que, dans les entrepôts publics ou privés, les frais de magasinage soient calculés par jour, au lieu de l'être par mois.

QUINZIÈME QUESTION. — L'usage que le commerce fait actuellement des expéditions en gare est-il un obstacle à la création d'entrepôts privés?

R. — Le commerce n'usera des entrepôts privés que lorsqu'il y sera contraint, par les motifs que nous venons d'indiquer.

SEIZIÈME QUESTION. — Quelles sont, dans votre région, les augmentations de prix de transport résultant des détours que les marchandises sont obligées de faire pour aller d'un point à un autre?

R. — Grâce aux tarifs différentiels et spéciaux, les augmentations des prix de transport résultant des détours que les marchandises sont obligées à faire, pour aller d'un point à un autre sont également peu importantes. On peut cependant en citer quelques-unes, mais ordinairement pour des distances peu éloignées.

DIX-SEPTIÈME QUESTION. — Quelles sont vos observations sur les services rendus par les commissaires de surveillance administrative et les inspecteurs de l'exploitation commerciale?

R. — Les commissaires de surveillance administrative et les inspecteurs de l'exploitation commerciale remplissent généralement leurs fonctions d'une manière très-honorable; mais le commerce craint qu'il ne résulte de leur situation et de leurs rapports constants avec les agents des Compagnies des dispositions plus favorables à ces Compagnies qu'aux intérêts généraux, qu'ils ont la mission de représenter.

DIX-HUITIÈME QUESTION. — L'emploi de waggons appartenant à l'industrie ne serait-il pas de nature à prévenir le retour des crises semblables à celles que nous traversons?

Dix-neuvième question. — Quelles sont les conditions à établir pour fixer les rapports des Compagnies et des industriels qui fournissent leur matériel?

R.—Aucune des industries qui existent dans la circonscription de la Chambre ne comportant la possession d'un matériel destiné à son usage exclusif, il nous est impossible de répondre à ces questions avec quelque connaissance de cause. Cependant, en les considérant à un point de vue général, nous pensons que l'emploi de waggons appartenant à l'industrie privée serait utile à toutes les époques, en laissant à la disposition des expéditeurs ordinaires une plus grande quantité de waggons appartenant aux Compagnies.

Vingtième question. — Le régime actuel, qui règle les relations des Compagnies avec les embranchements particuliers, donne-t-il une facilité suffisante pour amener la construction de ces embranchements?

R. —Il n'existe dans notre région aucun embranchement particulier.

Vingt-unième question. — Existe-t-il des difficultés dans les relations des grandes, des petites Compagnies de votre région, et les Compagnies d'intérêt local?

R. — Les chemins de fer d'intérêt local n'étant point encore mis en exploitation dans notre circonscription, il n'a pu surgir encore aucune difficulté entre eux et les grandes Compagnies pour leur exploitation. Ils sont nécessaires les uns aux autres, et ont un grand intérêt à vivre en bonne intelligence.

Vingt-deuxième question. — Y aurait-il lieu d'intervenir dans les conditions actuelles qui règlent la circulation respective des waggons entre les grandes Compagnies et les Compagnies d'intérêt local ou autres?

R. — Il est certainement à désirer, afin de prévenir des conflits possibles, que l'État intervienne d'une manière efficace pour faire établir les conditions qui doivent régler la circulation respective des waggons entre les grands chemins de fer et ceux d'intérêt local : la régularité dans les expéditions et arrivages ne peut être établie que par un accord qui peut ne pas toujours être volontaire.

IX

Réponse au Questionnaire de la Commission d'enquête législative sur la navigation intérieure et le cabotage

NAVIGATION INTÉRIEURE

—

§ I. — Travaux

Q. — Quelle est la situation de la navigation intérieure dans le bassin qui intéresse le déposant , et quels sont les moyens les plus propres à l'améliorer ?

R. — La navigation intérieure comprend actuellement, dans le Midi, une ligne non interrompue de Toulouse à Beaucaire, avec embranchement devers Montpellier et Lunel.

L'Hérault est, en outre, navigable d'Agde à Bessan. Ces voies navigables sont suffisamment développées, et satisferaient aux besoins de la circulation générale, si elles étaient bien entretenues et que le péage y fût réduit, sur toute la ligne, à un tarif moins élevé.

Q. — Y a-t-il lieu, dans ce but, de créer de nouvelles voies navigables, canaux ou rivières; lesquelles ?

R. — Si l'Hérault pouvait être canalisé jusqu'à Pézenas, cette amélioration serait très-profitable aux débouchés de la vallée de l'Hérault, dont Pézenas est le centre. Mais cette rivière est interceptée, entre Bessan et Pézenas, par de nombreux barrages.

Q. — Y a-t-il lieu d'augmenter la section et le tirant d'eau des voies navigables actuelles ? — Sur quels points et dans quelles limites ?

R. — Les canaux ne sont pas bien entretenus :

Le canal des Étangs aurait besoin que son tirant d'eau fût porté à 1 mètre 80 centimètres, de manière à admettre des bateaux calant 1 mètre 60 centimètres, et que ce fond fût maintenu au moyen des dragages annuels qui sont reconnus nécessaires par le service des ponts et chaussées.

Le tirant d'eau dans le canal du Midi n'est pas uniforme, ni régulièrement entretenu depuis plusieurs années.

Q. — Y a-t-il lieu de modifier certaines écluses, afin d'obtenir l'uniformité ou la concordance des dimensions de ces ouvrages ? Quelles sont ces écluses et quelles sont les dimensions que l'on doit rechercher ?

R. — Les dimensions des écluses concordent entre elles.

Q. — Peut-on espérer, pour les travaux à entreprendre, le concours des intéressés : départements, villes, communes ou particuliers ?

R. — Les villes et le département concourraient probablement à l'amélioration du cours de l'Hérault jusqu'à Pézenas.

Q. — Sous quelles formes et dans quelles limites ce concours peut-il être réclamé ?

R. — Mais dans une limite restreinte par l'étendue de leurs ressources et la situation de leurs budgets.

Q. — Y a-t-il lieu d'établir des voies de raccordement entre les canaux et les lignes de chemin de fer ou de grands centres de populations ?

R. — L'Hérault est canalisé d'Agde à la mer. Sa jonction avec la gare des marchandises du chemin de fer du Midi a été projetée et entreprise : le canal et le bassin sont creusés; mais les travaux ont été abandonnés. Il importerait d'exécuter ces travaux, qui raccorderaient à Agde la navigation intérieure et maritime avec le chemin de fer.

§ II. — Entretien et exploitation

Q. — Les chômages périodiques établis sur les canaux, en vue de l'entretien et de la réfection des ouvrages, causent-ils des gênes et dommages sérieux à la navigation ? Y a-t-il lieu de se résoudre à des dépenses considérables pour en réduire la durée ou pour les supprimer ?

R. — Les chômages périodiques, en vue de l'entretien des canaux, peuvent être éloignés, sinon supprimés, au moyen des dragages.

Les chômages obligés, pour la réfection des ouvrages, ne peuvent être évités : ils sont toujours une gêne pour la navigation.

Il convient, évidemment, de n'y avoir recours qu'en cas d'absolue nécessité, et de les faire concorder avec les chômages périodiques.

Q. — Ces chômages sont-ils établis actuellement aux époques les plus convenables pour la batellerie ? Ont-ils une suffisante concordance sur les voies navigables qui communiquent entre elles ?

R. — La concordance des époques de chômage serait, dans tous les cas, une bonne mesure, et devrait être étendue à toutes les lignes correspondantes d'un bassin à l'autre.

Q. — Dans quelles limites et de quelle manière les intéressés doivent-ils être admis à donner leur avis sur les époques de chômage ?

R. — L'Administration peut seule régler utilement cette concordance, sauf à prendre l'avis des Chambres de commerce et des Conseils généraux.

Q. — Y a-t-il lieu d'établir des services télégraphiques le long des principales voies navigables, et de mettre ces services à la disposition de la batellerie ?

R. — Les lignes télégraphiques le long des principales voies navigables peuvent être utiles, mais ne sont pas nécessaires au service de la batellerie. La vitesse de la batellerie n'est pas assez rapide pour qu'un service télégraphique soit indispensable à la régularité de ses mouvements.

Q. — Quelles sont les directions où ces services télégraphiques devraient de préférence être établis; et, dans chaque direction, quels sont les écluses, bassins, ports et autres points spéciaux, où il serait désirable de faire des stations télégraphiques?

R. — Si on établissait des lignes télégraphiques, elles devraient relier toutes les écluses.

Q. — Y a-t-il un intérêt sérieux à faciliter les chargements et déchargements en un point quelconque des canaux? Et, dans ce cas, quelles conditions équitables peut-on imposer à la batellerie, lorsqu'elle fera ses opérations en dehors des ports habituels?

R. — L'établissement de grues, pour faciliter les chargements et débarquements, serait utile sur les points principaux.

Le tarif des taxes à percevoir sur l'usage de ces engins devrait être assez réduit pour que cet usage se généralisât; la taxe devant, toutefois, suffire aux frais annuels et, dans une certaine mesure, couvrir la dépense d'établissement.

L'évaluation des produits probables de ces taxes servirait à apprécier le degré d'utilité de l'établissement.

Q. — Quel est le système de halage employé le plus habituellement dans le bassin qui intéresse le déposant?

A combien s'élèvent les frais de traction par tonne et par kilomètre?

R. — Le halage se fait au moyen de chevaux.

Les frais de traction et de conduite sont variables. Ils peuvent être évalués à 1 centime $^{20}/_{00}$ par tonne et par kilomètre, pour les distances de 240 kilomètres.

Les frais de traction proprement dits ne s'élèvent qu'à la moitié de ce chiffre, soit 0 c. 60.

Les frais de transport de cent tonnes sur le canal du Midi, sur un parcours de 240 kilomètres, des Onglous à Toulouse, coûtent 18 à 20 fr. la tonne, soit cent tonnes à 18 fr... 1,800 fr.

Ces frais se décomposent de la manière suivante :

1° Frais d'embarquement............. 45 fr. la tonne)
  — de débarquement............ 45 fr. la tonne) 90 „

Report.................	90 «
2° Louage de la barque et bénéfice du patron...........	225 »

3° Frais de halage et de conduite :

Louage de chevaux et un muletier..... 125 fr.

Gage de deux hommes d'équipage..... 100 »
Nourriture de l'équipage et du muletier,
10 jours, 2 fr. par jour et par homme ... 60 » } 285 »

Péage. — 240 kilomètres; à 5 centimes par tonne
et par kilomètre, sur cent tonnes.............. .. 1,200 »

Total égal..... .	1,800 fr.

Soit, en séparant les frais fixes des frais proportionnels :

1° *Fixes.* — Embarquement et débarquement par tonne... 0 fr. 90

Loyer de la barque 0°9375, soit en chiffres ronds........ 0 01

2° *Frais proportionnels* par tonne et par kilomètre :

Frais de halage et de conduite 1°1875, soit............. 0 ·012
en chiffres ronds.

Total........	0 fr. 022

3° *Péage.* — Par tonne et par kilomètre..`............. 0 fr. 05

Ce qui représente le payement total de 240 kilomètres, y compris les frais de
débarquement et d'embarquement quand le fret est à 18 fr. la tonne 7 $^1/_3$

— 20 fr. — 8 $^1/_3$

par tonne et par kilomètre (péage compris).

Les frais de traction proprement dits seraient les suivants :

Louage de deux chevaux et un muletier 125 fr. }145 fr., soit 0° 6 millimes
Nourriture du muletier............. 20 fr. }par tonne et par kilomètre.

Q. — Y a-t-il lieu d'établir sur les canaux des services de traction perfec-
tionnée, touage et autres, et dans ce cas convient-il d'en imposer l'usage à la
batellerie ?

R. S'il était possible de substituer à ce mode de traction un système de halage
plus rapide et plus économique, il conviendrait de l'établir. L'avantage qu'il
présenterait ne tarderait pas à en généraliser l'usage, sans qu'il fût besoin de
l'imposer.

Q. N'y a-t-il pas lieu de se borner à organiser les modes actuels de halage, en substituant à cet effet des entreprises puissantes et bien outillées ? Convient-il de donner à ces entreprises le monopole de la traction dans leur zone ?

R. — En se bornant à organiser les modes actuels de halage, et en constituant à cet effet des entreprises puissantes et bien outillées, on pourrait donner un concours utile à la batellerie ; mais les monopoles sont la source de si graves abus, qu'il faut bien prendre garde avant d'innover en cette matière.

Q. — Dans ce cas, y a-t-il lieu de mettre ces entreprises en adjudication ?

R. — La mise en adjudication, sur un cahier des charges soumis à une révision annuelle ou trisannuelle, serait, dans tous les cas, un moyen d'éviter en grande partie les abus du monopole.

La rédaction et la révision des cahiers des charges, dans chaque région, devraient être placés sous le contrôle des Chambres de commerce et des Conseils généraux. L'Administration supérieure est souvent impuissante à résister aux Compagnies en possession d'un monopole.

Q. — Quels sont le matériel et l'outillage de la batellerie dans le bassin ?
— Comportent-ils des améliorations ? Lesquelles ?

R. — Le matériel de la batellerie dans la région se compose :

1° De grands bateaux plats et pontés, portant de 100 à 120 tonnes, qui suffisent aux transports les plus divers et se prêtent aux plus longs parcours ;

2° De bateaux de moindre capacité, qui font de préférence les trajets les moins longs.

Ce matériel n'est pas en voie d'accroissement ; il tend même à se réduire de plus en plus.

C'est la conséquence de la réunion dans les mêmes mains des chemins de fer du Midi et des canaux de Cette à Bordeaux. Cette réunion aggrave les inconvénients du monopole des chemins de fer, car les tarifs sur la voie ferrée sont calculés de manière à restreindre le plus possible la part de la voie navigable.

Il n'y aurait, dès lors, aucun avantage à modifier ni à améliorer ce matériel, tant que les canaux du Midi seront soumis au péage exorbitant qui pèse sur leur navigation.

6

§ III. — Droits et Péages

Q. — Y a-t-il lieu actuellement de racheter les canaux concédés ? Dans ce cas, quel serait l'ordre de priorité à observer dans les rachats ?

R. — Le rachat du canal de Beaucaire est depuis longtemps décidé, et il importe de le réaliser dans le plus bref délai. La Chambre sollicite aussi, depuis un grand nombre d'années, celui des petits canaux du Lez et de Lunel.

Mais ce qui pèse surtout sur la navigation intérieure dans la région, c'est la constitution du monopole qui rend la Compagnie du Midi maîtresse des voies ferrées et des voies navigables de Cette à Bordeaux.

La Compagnie du Midi est en possession du Canal latéral à la Garonne, en vertu de son acte de concession, et cette possession ne peut lui être retirée que par le rachat de la concession elle-même.

Elle est en possession du canal du Midi, en vertu d'un bail consenti en sa faveur pour quarante ans, longue période dont le quart s'est à peine écoulé.

Par suite de ce monopole, les transports par la voie des canaux de la classe de marchandises la plus importante, comprenant les vins et les céréales, sont soumis, de Cette à Bordeaux, à un péage de 4 centimes par tonne et par kilomètre sur le Canal latéral à la Garonne, et de 5 centimes par tonne et par kilomètre sur le canal du Midi.

Si ces canaux étaient rachetés, leur navigation ne serait pas taxée autrement que sur les autres canaux de même ordre, soit à 15 millimes, au plus, par tonne et par kilomètre.

Le rachat est donc impérieusement commandé par la nécessité de supprimer le monopole oppressif qui écarte toute concurrence entre la voie d'eau et la voie de fer, et menace la batellerie d'une destruction progressive.

Ce rachat a été, du reste, depuis longtemps réclamé ; s'il n'a pas eu lieu, c'est qu'en présence des contrats constitutifs du monopole, l'Administration s'est crue impuissante à les détruire, sans s'exposer à payer à la Compagnie d'énormes indemnités.

Qu'une indemnité soit due, nul ne peut le contester ; mais, si les prétentions de la Compagnie du Midi sont excessives, au point de rendre impossible même la pensée du rachat, pourquoi ne pas recourir au moyen légal de racheter toute la concession des chemins et canaux du Midi, aux conditions prévues par le cahier des charges ?

L'Etat s'est réservé la faculté de reprendre la concession, à charge de payer à la Compagnie une indemnité calculée sur la moyenne des sept dernières années de produit, défalcation faite des deux années du produit le moins élevé.

Si l'Etat usait de cette faculté, il serait libre de concéder à nouveau les chemins de fer du Midi à une ou plusieurs des Compagnies existantes, ou à une Compagnie nouvelle, à telles conditions qu'il lui conviendrait de formuler, et par conséquent en réservant les canaux.

Le rachat de ces voies navigables serait alors opéré *ipso facto*, sans qu'il y eût à redouter une allocation excessive d'indemnités par une commission arbitrale ou par un jury d'expropriation.

La perte à la charge de l'État résulterait uniquement de la différence entre le prix de rachat et la concession ancienne avec les canaux, et cette perte n'imposerait au budget qu'une dépense annuelle représentative de cette différence.

Q. — Cette différence serait-elle considérable? Ou serait-il téméraire d'espérer que, par de meilleures combinaisons, la concession nouvelle pourrait avoir lieu, *sans les canaux*, à des conditions qui auraient pour effet d'atténuer cette différence, sinon de l'annuler complétement?

R. — Ce mode de rachat est, dans tous les cas, susceptible d'une réalisation prochaine, et il est d'une nécessité si urgente de faire cesser le monopole des transports dont souffre le midi de la France, que l'examen de la question s'impose d'ores et déjà à l'Administration.

Q. — Y a-t-il lieu de supprimer les droits de navigation perçus par l'État? Si on ne les supprime pas, doit-on les réduire? Et dans quelles limites? — Y a-t-il quelque avantage à établir un tarif uniforme sur les rivières et sur les canaux? — Serait-il utile de réduire en une seule les deux classes de marchandises actuellement taxées?

R. — Les droits de navigation perçus par l'État sont assez réduits pour que leur perception ne soit pas une charge considérable pour les transports par les voies d'eau ; mais il importerait de les rendre uniforme sur toutes les lignes.

Q. — Peut-on espérer que les propriétaires des canaux concédés, ou les expéditeurs, feront profiter le public des abaissements de droits consentis par l'Etat ? N'est-il pas à craindre qu'ils relèvent leurs perceptions de tout ou partie de ce dont l'Etat aura abaissé les siennes ?

R. — La suppression des droits de navigation pourrait ne profiter qu'aux propriétaires des canaux ou aux entrepreneurs de transport, tant que l'Etat ne disposera pas de toutes les lignes navigables et n'aura pas établi un tarif uniforme.

Q. — Les laissez-passer, droits d'attache de port, de pilotage et autres analogues, imposent-ils des dépenses et des gênes sérieuses à la batellerie ? Est-il possible et y a-t-il lieu de modifier sur ce point les errements actuels ?

R. — Toute simplification de réglementation est un avantage. Elle se traduit en une économie de temps qui ne saurait être indifférente.

Les errements actuels n'imposent cependant pas, dans la région, une grande gêne à la navigation.

Q. — Y a-t-il lieu de supprimer les gardes-port, chefs de pont et agents analogues, sur les voies navigables ?

R. — La suppression des agents de cet ordre n'est pas réclamée dans notre circonscription.

§ 1V. — Réglementation

Q. — Les lois et règlements d'administration qui établissent les rapports des mariniers, soit entre eux, soit avec l'Administration, soit avec le public, donnent-ils naissance à des difficultés ou à des abus ? Y a-t-il lieu de les réviser en tout ou en partie ? En cas de révision, y a-t-il utilité à constituer un règlement unique, sorte de code de la marine, qui remplacerait les règlements et les lois encore en vigueur ?

R. — Les lois et règlements d'administration, en cette matière, ne donnent pas, en général, naissance à des difficultés ni à des abus. Ils sont passés depuis longtemps dans les mœurs et habitudes des mariniers.

Il y aurait cependant avantage à réviser des règlements dont quelques-uns sont de très-ancienne date, et à les remplacer par un règlement unique et uniforme sur toutes les lignes navigables.

§ V. — Mesures générales

Q. — Quelles sont enfin, et d'une manière générale, les mesures à prendre pour relever la batellerie et la mettre en position de rendre les services que le pays attend d'elle ?

R. — Ce qui importe le plus pour atteindre ce but, c'est de faire rentrer tous les canaux et toutes les voies navigables, sans exception, sous la main de l'Etat, et d'y mettre partout la batellerie sur le même pied.

NAVIGATION COTIÈRE

Q. — Quels sont les travaux d'amélioration à faire aux ports qui intéressent le déposant, au point de vue du cabotage ?

R. — Dans la navigation côtière pour le département de l'Hérault, nous avons à comprendre la navigation sur l'étang de Thau, dont l'importance est assez grande pour entretenir un grand nombre de gros bateaux armés au bornage, servant principalement aux transports des vins entre Marseillan, Mèze et Cette.

L'étang de Thau possède plusieurs ports :

1° Celui des Onglous, à l'embouchure du canal du Midi, qui est entretenu aux frais de la Compagnie concessionnaire ;

2° Le port de Marseillan ;

3° Le port de Mèze ;

4° Le port de Bouzigues ;

5° Le port de Balaruc.

Il importerait de rendre leur accès plus facile par des curages et par l'entretien des quais.

La navigation côtière, proprement dite, se fait par les ports de Cette et d'Agde.

Les besoins de cette navigation se confondent, au point de vue des améliorations les plus urgentes, avec ceux de la grande navigation.

Le développement des quais et des gares, l'extension du port de Cette, sont impérieusement réclamés par le progrès rapide du mouvement maritime et l'insuffisance croissante de l'état actuel.

A Agde, le cabotage est l'élément principal du mouvement maritime. L'entretien des passes par un curage périodique, et celui des têtes de jetée par l'immersion annuelle de quelques blocs de béton, peuvent suffire à maintenir l'état actuel, mais sont absolument indispensables.

Une amélioration bien utile pour le port d'Agde serait la reconstruction des quais sur les digues d'étiage, qui ont été jetées en rivière pour rétrécir et approfondir le lit.

Q. — Quelles seront, approximativement, les dépenses à faire pour exécuter ces améliorations ?

R. — Les dépenses à faire pour exécuter ces améliorations sont l'objet de projets conçus par le service des ponts et chaussées.

Elles seraient peu considérables pour les ports de l'étang de Thau et pour le port d'Agde. Cette dépense, pour le complément des travaux qu'exige le port de Cette, serait plus considérable ; mais l'importance et l'accroissement de ce port sont tels, que cette dépense s'impose à l'Etat comme une nécessité urgente.

Le port actuel, malgré ses développements récents, est notoirement insuffisant pour un commerce qui grandit de plus en plus.

Q. — Les ports qui intéressent le déposant sont-ils suffisamment pourvus des ouvrages destinés à faciliter la manutention des marchandises ?

R. — Le port de Cette aurait besoin, comme il a été dit à la première réponse, d'un plus grand développement de quais et de rails appropriés aux embarquements et débarquements des marchandises venant ou partant par chemin de fer. Ce besoin se manifeste surtout dans la gare maritime du chemin de fer de P.-L.-M.

La construction d'une cale de radoub serait aussi extrêmement utile. Le projet, bien conçu, attend que l'exécution en soit rendue possible au point de vue financier.

Le port d'Agde réclame l'exécution du projet de canal et de gare maritime, que la Compagnie des chemins de fer du Midi a été autorisée à construire, qu'elle a commencé et qu'elle laisse inachevé, bien que les enquêtes et l'expropriation des terrains aient eu lieu sur le projet approuvé.

Q. — Quel est le meilleur système à suivre pour provoquer et encourager la construction de l'outillage maritime des ports, par les Chambres de commerce ou par l'industrie privée ?

R. — Pour provoquer et encourager la construction de l'outillage maritime, il conviendrait :

1° De laisser aux Chambres de commerce une plus large initiative, et l'autorisation de voter et d'établir le tarif des taxes à percevoir pour l'usage dudit outillage ;

2° D'autoriser les Chambres de commerce à concéder à l'industrie privée l'établissement de tout ou partie de cet outillage et le droit de percevoir les taxes spéciales y relatives, et à subventionner, au besoin, l'entreprise, dans une limite à déterminer, sur les ressources à sa disposition ;

3° D'autoriser, dans le même but, des syndicats entre commerçants ou capitaines marins, sous la surveillance des Chambres de commerce.

Q. — Existe-t-il des moyens de remorquage pour faciliter l'entrée et la sortie des navires ? Quel est le mode employé pour l'exploitation de ce remorquage ?

R. — Il n'existe, ni à Cette ni à Agde, de moyens organisés *ad hoc.*

Il serait avantageux de les créer là où le mouvement maritime a une importance suffisante, comme à Cette. Il existe à Cette des éléments susceptibles d'être appropriés à ce but.

Q. — Indiquer les causes de la diminution des transports par mer, de port français à port français, et signaler les mesures qui seraient de nature à relever l'industrie du cabotage.

R. — La création des chemins de fer a influé sur les transports par mer, de port français à port français, surtout sur les transports par navire à voile.

Par des tarifs communs ou de transit, les Compagnies sont parvenues à détourner, à leur profit, une grande partie de ce mouvement maritime, notamment pour les transports d'un port de l'Océan à un port de la Méditerranée, et *vice versa*.

L'industrie du cabotage à voile souffre beaucoup de cette concurrence; mais il n'est guère possible, en général, d'y remédier, sans nuire à d'autres intérêts.

Cependant, si l'établissement des tarifs que les Compagnies combinent dans des vues de concurrence étaient soumis à des règles générales, et qu'il ne fût pas loisible aux Compagnies de faire des distinctions suivant l'origine et la provenance, ou de ne tenir aucun compte des distances, ni de constituer par des tarifs communs, en faveur des transports passant d'une ligne à l'autre, des avantages dont sont exclus les points intermédiaires; si, en un mot, les tarifs étaient le résultat d'une formule uniforme pour chaque catégorie de marchandises, applicable à tous les transports, suivant la distance à parcourir d'un point à un autre, que ce point soit ou non tête de ligne, ou qu'il soit compris dans le même ou dans un autre réseau, il est probable qu'une partie des inconvénients dont souffre le cabotage serait supprimée ou amoindrie, sans que le commerce général eût à s'en plaindre.

Q. — Le monopole du cabotage dont jouit le pavillon français est-il une cause de gêne pour le commerce et l'industrie ?

R. — Le monopole du cabotage dont jouit le pavillon français ne peut être une cause de gêne pour le commerce et l'industrie, puisque le cabotage français, à voile, souffre de la concurrence des chemins de fer. Cette gêne ne se produit que dans des circonstances exceptionnelles.

Q. — La liberté de cabotage, accordée au pavillon étranger, porterait-elle un préjudice sérieux à la marine côtière ?

R. — La liberté de cabotage par pavillon étranger serait, sans doute, un nouvel élément de préjudice pour la marine côtière; mais les avantages généraux résultant de l'abaissement des frais de transport par mer, et par suite de celui des tarifs sur certaines lignes de chemin de fer, offriraient une compensation sérieuse au préjudice causé à la marine.

Q. — Quels sont les services de transport régulier du grand et petit cabotage qui ont été supprimés depuis la construction des chemins de fer?

R. — Aucun service de transport régulier n'a été supprimé par les chemins de fer de la région.

Les services sont faits par bateaux à vapeur entre Marseille et Cette, tous les jours; entre Marseille et Agde, deux fois par semaine.

Q. — Comparez le prix et la durée du transport d'une tonne de marchandises d'un port à un autre, par mer et par voie ferrée, en distinguant le cabotage à vapeur du cabotage à voile.

R. — Sur la ligne du Midi, les prix de transport par voie ferrée, entre les ports de mer du département de l'Hérault et de Bordeaux, ne peuvent être indiqués d'une manière précise. Ils varient suivant la classe à laquelle appartiennent les marchandises à transporter :

Ainsi le transport des vins, qui est l'objet le plus important, coûte entre Cette et Bordeaux, de gare en gare, F. 27 la tonne de 1,000 kilogrammes, ce qui fait ressortir le prix de transport d'un hectolitre de vin, compté pour 116 kilog., à F. 3 13, auxquels il faut ajouter les camionnages, au départ et à l'arrivée, de F. 2 50 par tonne, soit F. 0 28 ; ce qui porte le total des frais à....F.   3 41

par hectolitre, soit par tonne de 900 lit.......................F.   30 69

auxquels s'ajoute : fret de Bordeaux au Hâvre par vapeur, F. 12 50

les 900 lit., soit..   1 39

                                                     F.   32 08

Par la voie de mer et navire à voile, ce transport reviendrait, de Cette au Hâvre, au prix moyen de F. 30 les 900 lit............ ...F.   30 00

Assurance sur une tonne de vin, calculée à F. 200 1½ pour cent. ...   3 »

                                                     F.   33 »

La différence en faveur de la voie mixte, chemin de fer et vapeur, lui assure naturellement la préférence, alors même qu'elle ne lui serait pas acquise par la moindre durée du trajet, qui n'est guère que de douze à quinze jours; tandis que, par la voie de mer et par navire à voile, elle est rarement au-dessous de trente-cinq jours.

Q. — Quelles sont les modifications à introduire dans notre législation, en ce

7

qui concerne le grand et le petit cabotage, au point de vue des formalités imposées par l'Administration des douanes ? Quelles sont les dispositions législatives ou réglementaires, relatives au cabotage, qui paraîtraient devoir être modifiées ?

R. — Les formalités de douane, en matière de cabotage, ont été bien simplifiées.

Pour faciliter les opérations du cabotage, il importe surtout que, dans la pratique, l'Administration des douanes se montre de plus en plus large dans tous les ports.

Elle l'est, en général, plus dans les grands ports que dans les petits.

R. — Quels sont, en l'état actuel des choses, les autorisations et les priviléges concédés aux Chambres de commerce et aux municipalités ? Les droits et les taxes perçus à raison de ces concessions sont-ils onéreux ou avantageux pour le commerce ?

R. — La Chambre de commerce de Montpellier n'est en possession d'aucune concession de privilége.

Les ports de Cette et d'Agde possèdent des entrepôts réels de douane gérés par leur municipalité.

Les taxes d'entrepôt sont modérées et ne sont pas une source de bénéfices pour les villes.

Le pilotage est administré, à Cette et à Agde, par des Commissions locales, sous l'autorité de l'Administration de la marine.

Les taxes qu'elles perçoivent sont réglées et révisées par décrets, sur la proposition de ces Commissions.

Leur produit s'élève avec l'extension du mouvement maritime.

A ce point de vue, il y aurait lieu de réviser prochainement et peut-être de réduire les taxes actuelles de pilotage perçues à Cette.

Q. — Quels sont les travaux à exécuter et les dépenses à faire pour compléter l'éclairage et le balisage de nos côtes ?

R. — Les côtes sont suffisamment éclairées et balisées; néanmoins, il serait utile de baliser les bancs qui se forment à l'entrée du port d'Agde, et qui varient de hauteur et de position.

Q. — Indiquer, d'une manière générale, les mesures à prendre pour relever l'industrie du cabotage et la mettre en position de rendre les services que le pays attend d'elle.

R. — L'établissement d'une rade de refuge à Brescou a été depuis longtemps reconnu de la plus grande utilité, et le projet en a été dressé et approuvé par le Conseil général des ponts et chaussées.

En attendant que ce projet puisse être exécuté, il serait bon de baliser l'anse naturelle que les rochers forment au nord du fort, dans laquelle pourraient s'abriter contre la tempête quelques navires affolés dans le golfe du Lion (deux ou trois ensemble au plus).

Les marins très-pratiques peuvent seuls s'y réfugier en l'état ; mais, avec un balisage bien exécuté et quelques corps morts pour faciliter l'amarrage, tous les navires pourraient en profiter.

Fait à Montpellier, les jour, mois et an que dessus.

X

Lettre à M. Maissiat, inspecteur de l'exploitation des chemins de fer de P.-L.-M.

Montpellier, le 17 juin 1872.

MONSIEUR,

Le jour même où vous m'avez fait l'honneur de me voir, j'ai reçu de M. le Préfet communication de l'ordre de service soumis par votre Compagnie à l'homologation de M. le Ministre des travaux publics, le 1ᵉʳ de ce mois, à l'effet d'apporter, à dater du 15 juin, des modifications à la marche actuelle de plusieurs trains, et entre autres à celle des trains nᵒˢ 875 et 896, correspondant de Montpellier avec les sections du chemin de fer de Gallargues à Ganges.

La Chambre de commerce, après avoir pris connaissance de ce document, a accueilli avec plaisir ce commencement de satisfaction donné à ses trop justes griefs ; mais, ainsi que j'ai eu l'honneur de vous le dire déjà, elle a été loin de les trouver suffisants.

Les réclamations qu'elle avait formulées avaient un double objet : elle demandait d'abord que les trains fussent organisés de telle sorte que l'on pût se rendre de Cette et de Montpellier à Ganges, et en revenir dans la même journée, en disposant, dans l'intervalle, du temps strictement nécessaire pour obtenir de ce voyage un résultat utile. Cela a été fait pour Montpellier, mais il n'en est pas de même pour Cette, qui reste placé dans les mêmes conditions que par le passé.

Cela est d'autant plus regrettable, que le train 896 devant, à l'avenir, correspondre avec le nᵒ 892, qui se dirige vers Arles et Marseille, le trajet d'aller et retour pour cette dernière ville pourra s'accomplir, comme pour Ganges, dans la même journée, et que la ville de Cette, dont vous appréciez comme nous l'importance commerciale, va se trouver privée de ce double avantage. C'est une lacune très-grande, que l'intérêt de votre Compagnie, comme celui du commerce départemental, doit l'engager à combler le plus promptement possible, et elle le pourrait facilement en faisant partir le n° 896 de Cette, au lieu de Montpellier, à une heure plus matinale.

Elle avait réclamé, en outre, contre la mesure incompréhensible prise par la Compagnie, d'après laquelle il est distribué sur toute la ligne de Ganges à Galargues des billets d'aller et retour pour Montpellier, seulement deux fois par semaine, sans réciprocité, tandis qu'il en est délivré dans les mêmes stations, chaque jour, pour Nîmes, avec réciprocité.

Toutes les recherches qu'elle a pu faire sur les motifs de cette différence de traitement appliquée à deux directions placées dans des conditions identiques n'ont pu les lui faire attribuer qu'à des considérations étrangères au bien du service, et dont elle a été profondément froissée.

Aucune satisfaction ne lui a été donnée sous ce rapport, et elle ne se lassera pas de réclamer par toutes les voies qui seront à sa disposition, jusqu'à ce qu'il ait été fait droit à ses justes demandes.

Elle a, dans une lettre qu'elle a adressée à M. le Ministre des travaux publics le 2 mai dernier, et dont une copie a été envoyée à M. Lassalle, assez longuement développé les motifs qui lui font considérer cette mesure comme affectant au plus haut degré de graves intérêts commerciaux, pour pouvoir se dispenser d'y revenir aujourd'hui.

Ainsi que vous m'avez fait l'honneur de me le demander, j'ai cru devoir vous faire connaître quelles sont les dispositions de la Chambre à propos de ces deux côtés de la même affaire, avant d'en saisir encore une fois l'Autorité supérieure.

Veuillez recevoir, etc.

Le Président de la Chambre de commerce,
Henri PAGÉZY.

XI

Lettre à M. le Préfet de l'Hérault

Montpellier, le 15 août 1872.

MONSIEUR LE PRÉFET,

Des plaintes très-vives ont été adressées à la Chambre de commerce par un grand nombre de négociants en vins de Montpellier, au sujet de l'entrepôt de futailles vides établi, par la Compagnie des chemins de fer de P.-L.-M., près de la gare de cette ville, dans les terrains appartenant à Mme veuve Broussonnet.

Cet emplacement, situé à plusieurs mètres au-dessous des terrains environnants, et formant un large creux sans écoulement possible, presque au niveau de l'égout couvert des Aiguerelles, à côté duquel il est placé, reçoit et conserve, au moment des pluies, toutes les eaux provenant des lieux voisins, et notamment du chemin de grande communication de Montpellier à Palavas. Pendant l'hiver, après les grandes pluies, les futailles qui y sont déposées restent plongées dans l'eau et dans la boue, et y subissent de très-grandes détériorations. La boue est remplacée, pendant l'été, par une couche épaisse de poussière, et vous ne serez pas surpris qu'il résulte de ce double inconvénient une extrême difficulté pour choisir et retirer les futailles, et un renchérissement très-marqué dans le prix du camionnage.

Lorsque la Chambre a donné son assentiment à la demande formée par la Compagnie P.-L.-M., pour être autorisée, sans enquête préalable, à déposer les futailles vides dans les lieux situés en dehors de la gare des marchandises, elle a toujours entendu limiter l'application de cette mesure aux fûts qui n'auraient pas été retirés dans les délais réglementaires et au temps pendant lequel devrait durer l'encombrement de la gare, causé par les transports extraordinaires de la fin de l'année dernière et du commencement de celle-ci.

Contrairement à ce qui devait être, les fûts vides sont transportés, dès leur arrivée, dans les lieux au sujet desquels nous réclamons aujourd'hui, et, bien que l'encombrement qui avait motivé cette mesure n'existe plus depuis longtemps, rien n'a été changé à ce qui n'était qu'un arrangement provisoire.

Il est urgent de faire cesser cette situation anormale : la saison des pluies, qui ne tardera pas à arriver, doit nécessairement ramener les graves inconvénients que nous venons de vous signaler, et la Chambre vous demande instamment, Monsieur le Préfet, d'insister énergiquement auprès de la Compagnie P.-L.-M., pour qu'elle retienne, à l'avenir, dans la gare des marchandises, toutes les futailles arrivées et qui doivent être retirées dans les quarante-huit heures, et que, pour celles qui doivent être emmagasinées pour le compte et aux risques des destinataires, il soit choisi un emplacement qui les mette à l'abri des avaries et de la détérioration qu'elles subissent forcément dans celui où elles sont actuellement déposées.

Ces faits viennent, au reste, à l'appui de la nécessité que la Chambre n'a cessé de démontrer, depuis plusieurs années, d'un agrandissement considérable de la gare actuelle, qui, déjà très-insuffisante aujourd'hui, le deviendra encore bien davantage, lorsque tous les embranchements de chemin de fer projetés ou en voie de construction seront arrivés à leur période d'exploitation.

Recevez, Monsieur le Préfet, etc.

Le Président de la Chambre de commerce,
HENRI PAGÉZY.

XII

Lettre à M. le Ministre des travaux publics

Montpellier, le 10 septembre 1872.

MONSIEUR LE MINISTRE,

La difficulté des transports par chemins de fer a été le sujet de fréquentes réclamations de cette Chambre auprès de votre ministère. Elle a toujours pensé et pu constater, par les preuves les plus certaines, que la crise qui s'est fait si cruellement sentir l'année dernière n'était pas uniquement due, ainsi que le prétendaient les Compagnies, à des circonstances passagères et de force majeure, mais qu'elle provenait aussi, au moins en ce qui regarde les départements riverains de la Méditerranée, de causes plus anciennes et plus profondes, auxquelles il était indispensable d'apporter un remède aussi prompt que ce que le permettaient les moyens dont les Compagnies pouvaient disposer.

Elle avait prévu depuis longtemps et signalé à vos prédécesseurs l'éventualité probable de récoltes abondantes dans le Midi, qui, coïncidant avec des expéditions considérables de matières provenant des ports de mer, encombreraient les chemins de fer comme nous l'avons vu dans d'autres circonstances, et feraient subir à tous les transports de longs retards, préjudiciables aux transactions.

Les événements n'ont pas tardé à justifier les appréhensions qu'elle avait dès longtemps manifestées. Déjà, à cette époque de l'année où le ralentissement des opérations commerciales dans le département de l'Hérault est toujours très-accentué, l'encombrement des gares de Cette et de Montpellier commence à se reproduire d'une manière inquiétante ; une grande irrégularité est signalée dans les départs et les arrivages, et pour certaines marchandises, les futailles vides par exemple, des lieux de dépôt doivent, comme l'année dernière, être pris, même avant les délais réglementaires, en dehors des gares.

Ce sont là des symptômes effrayants pour l'avenir de la campagne commerciale qui va s'ouvrir. La récolte des vins dans le Midi s'annonce comme devant être abondante et de bonne qualité. Les autres contrées vinicoles du reste de la France paraissent moins bien partagées ; et ce qui reste de la récolte précédente, soit chez les commerçants, soit chez les propriétaires, étant à peu près nul ou d'une qualité très-inférieure, tout fait prévoir, dans l'Hérault, le Gard, l'Aude et les Pyrénées-Orientales, des expéditions de vins dans la direction du Nord qui dépasseront de beaucoup la moyenne ordinaire.

Si des difficultés pour les transports se produisent dans un moment relativement calme, nous nous demandons ce qui devra advenir lorsque les opérations commerciales seront en pleine activité ?

Les esprits les plus calmes en sont effrayés, et craignent de voir de nouveau les gares fermées et les expéditions suspendues.

La Chambre se plaint surtout de l'exiguité des gares, du défaut de surfaces assez étendues pour y établir la quantité nécessaire de quais de chargement et de déchargement, et de gares de triage suffisamment développées.

A Montpellier, la gare des marchandises n'occupe qu'une très-petite partie des emplacements qui lui seraient nécessaires pour une manipulation facile et rapide des marchandises qui y sont apportées. Il existe plusieurs projets pour son agrandissement ; mais les premières formalités pour l'occupation des terrains n'ont même pas été remplies, et la Compagnie P.-L.-M. ne paraît pas s'en préoccuper outre mesure.

La Compagnie des chemins de fer du Midi, concessionnaire du chemin de Rodez à Montpellier, et qui communique, avec sa ligne principale, par celles de Paulhan et Agde, aujourd'hui en exploitation, n'a même pas de gare de marchandises à Montpellier. A Béziers et à Pézenas, les difficultés sont les mêmes, et dans les gares rurales de P.-L.-M. et du Midi, les espaces consacrés aux marchandises sont si peu développés que, dans le moment des grandes expéditions, les champs environnants sont couverts de futailles jusqu'à de grandes distances.

La Chambre demande donc que les deux Compagnies des chemins de fer de P.-L.-M. et du Midi, qui se partagent l'exploitation du département, se mettent sérieusement en mesure de donner à leurs gares, grandes et petites, toute l'étendue nécessaire pour suffire aux besoins du commerce ; que Votre Excellence les mette en demeure de s'en occuper immédiatement, et de préférence à leurs autres travaux, leurs intérêts étant d'ailleurs, sous ce rapport, entièrement d'accord avec les intérêts généraux du pays ;

Que ces deux Compagnies soient invitées à concentrer, dès la fin du mois de

8

septembre, dans leurs gares situées sur la rive droite du Rhône, les quantités de matériel nécessaires à de très-fortes expéditions ;

Enfin que, dans le cas probable d'encombrement des gares, il ne soit plus accordé de prorogations de délai pour la réception et la livraison des marchandises, la responsabilité des Compagnies devant être le plus sûr garant de leurs efforts pour arriver à la solution des difficultés qui les menacent.

Elle demande aussi qu'il soit promptement donné suite à l'exécution, qu'elle a déjà plusieurs fois demandée, du chemin de fer d'Alais à Lyon, sur la rive droite du Rhône, et à sa prolongation d'Alais à Cette par la voie la plus directe. La nécessité de cette nouvelle voie devient chaque jour plus évidente : les expéditions de la seule gare de Cette par le chemin de fer de P.-L.-M. se sont élevées, au mois de juillet dernier, à 92,000 tonnes, presque en entier pour Lyon et au delà ; et, si l'on y ajoute celles des autres gares du département de l'Hérault et celles du Gard, on atteint des chiffres de marchandise effrayants par leur importance, qui vont surcharger la section de Tarascon à Lyon, déjà encombrée par les expéditions de Marseille et de Nice à Tarascon.

La rive droite du Rhône a d'autant plus besoin d'une voie qui lui soit spéciale dans la direction de Lyon et de Paris, que l'importance de ses expéditions s'accroît, chaque année, dans des proportions qui étonnent.

Quant au chemin de fer direct d'Alais à Cette par Montpellier, son exécution est commandée par la nécessité de rapprocher de la mer le bassin houiller d'Alais, dans ce moment surtout où la rareté et la cherté des houilles anglaises nous ouvre un vaste champ d'exploitation dans le bassin de la Méditerranée ; il offrirait aussi l'avantage inappréciable de raccourcir de près de 60 kilomètres la distance à parcourir par les marchandises provenant du port de Cette, de l'Hérault, de l'Aude et des Pyrénées-Orientales, destinées pour Lyon, Paris et le Nord.

La Chambre recommande ces diverses observations à toute l'attention de Votre Excellence ; elles sont de la plus haute importance pour les intérêts d'une des parties les plus intéressantes du pays, et ont tous les droits à son patronage et à sa sympathie.

Recevez, Monsieur le Ministre, etc.

Le Président de la Chambre de commerce,

HENRI PAGÉZY

XIII

Lettre à M. le Ministre des travaux publics

Montpellier, le 26 octobre 1872

MONSIEUR LE MINISTRE,

Vous avez cru devoir répondre, le 15 de ce mois, à une lettre que la Chambre de commerce de Montpellier avait eu l'honneur de vous écrire le 10 septembre dernier, seulement par un accusé de réception, que vous avez même limité à la partie de cette lettre qui appelait votre attention sur les avantages que présenterait l'établissement d'un chemin de fer d'Alais à Lyon, sur la rive droite du Rhône, avec prolongement direct d'Alais à Montpellier et à Cette.

Quoique la nécessité de cette voie, spéciale aux transports provenant de la rive droite du Rhône, soit commandée par l'abondance constante des marchandises qui affluent dans cette partie du réseau des chemins de fer de Paris à Lyon et à la Méditerranée, et vont encombrer la partie de la ligne située entre Tarascon et Lyon, cette importante question ne formerait cependant pas l'objet principal de cette communication de la Chambre, et sa solution n'était indiquée que comme un remède indispensable à l'engorgement normal qui ne cesse de se produire sur la partie méridionale du réseau de cette Compagnie.

La Chambre insistait surtout sur l'éventualité, dont le commerce du Midi se voyait menacé, d'un encombrement de marchandises dans les gares des chemins de fer, qui devait indubitablement renouveler les effets désastreux de la crise des transports de 1871, et elle sollicitait de votre part des mesures promptes et énergiques pour chercher à la prévenir.—Elle regrette profondément que votre attention ne se soit pas arrêtée sur ce point essentiel de ses réclamations.

En effet, ses prévisions n'ont pas tardé à se réaliser; et, quoique nous soyons à peine arrivés au début de la campagne des vins, les gares du réseau sont déjà engorgées; les files de voitures chargées, attendant leur entrée en gare, se forment de tout côté à leurs abords et encombrent les voies de communication jusqu'à de grandes distances.

Le prix du camionnage s'est élevé de 1 à 5 fr. par fût, avec certitude de hausse. Les expéditions journalières ne peuvent satisfaire qu'à une faible partie des besoins les plus urgents, et la marche des trains de voyageurs subit presque constamment des retards assez prolongés pour causer de sérieuses préoccupations, et entraver les services de correspondance entre Marseille et Bordeaux. Aussi l'esprit public est-il vivement surexcité par ce retour périodique des mêmes difficultés, qui paralysent le commerce et lui imposent les charges les plus lourdes, sans qu'il soit rien fait pour les prévenir.

Depuis plusieurs années, la Chambre ne s'est pas lassée de demander, d'urgence, l'agrandissement des gares et l'accroissement du matériel.

Aux Compagnies des chemins de fer, qui prétendaient que la crise des transports de 1870-1871 était seulement une conséquence accidentelle des désastres de la guerre, elle a toujours répondu qu'il en était autrement pour les départements du Midi, dans lesquels la production et l'importance des transactions avaient pris un tel accroissement, que ce qu'elles considéraient comme un accident était en réalité un fait normal et permanent, qui s'était déjà manifesté à différentes époques, *et qui ne pouvait manquer de se reproduire chaque année, surtout lorsque des récoltes abondantes de vin coïncideraient avec des importations considérables de céréales ou d'autres marchandises dans les ports de Marseille et de Cette.*

Elle a fait de fréquents appels à la sollicitude de votre Administration, ainsi qu'à celle de la Compagnie des chemins de fer de Paris à Lyon et à la Méditerranée, démontrant à celle-ci qu'en délaissant un aussi puissant foyer de production, elle trahissait, en même temps que les intérêts publics, les siens propres et ceux de ses actionnaires. Aucune de ses réclamations n'a été entendue, et rien, ou à peu près rien, n'a été même tenté pour y faire droit.

Prévenue comme elle n'a cessé de l'être, cette Compagnie est absolument inexcusable d'avoir, sans rien exécuter, épuisé son activité à rédiger des projets dont la réalisation peut encore se faire attendre pendant plusieurs années; et, si de larges indemnités lui sont demandées par le commerce, elle ne pourra en accuser que son inaction et son défaut de prévoyance.

D'après les appréciations de la Chambre, la Compagnie des chemins de fer de Paris à Lyon et à la Méditerranée aura à transporter, pendant la campagne qui s'est ouverte au commencement du mois d'octobre, dans la direction de Lyon et au delà, indépendamment des autres marchandises, et spécialement de celles qui lui seront fournies par l'importation dans le port de Cette, environ un million de tonnes de vin, provenant des départements de l'Hérault, des Pyrénées-Orientales et d'une partie de l'Aude. Cela suppose, pour les vins seulement, un mouvement moyen à la remonte de 3,000 tonnes par jour, qui doit s'élever au delà de 4,000 pendant l'automne et l'hiver, pour décroître ensuite progressivement jusqu'au mois de septembre 1872.

Cette Compagnie est-elle en mesure, avec l'organisation actuelle de ses services, de suffire à cette masse d'expéditions ?

La Chambre n'hésite pas à dire qu'elle aurait pu l'être depuis longtemps, en s'y préparant à l'avance, comme elle l'avait promis à ses délégués au mois de juillet 1871, et qu'elle le pourrait même encore, si elle voulait élever ses efforts et son énergie d'exécution au niveau de l'urgence de ses besoins.

Le matériel ne manque pas ; la ligne de Tarascon à Lyon, commune aux trains de marchandises provenant des deux rives du Rhône, n'est pas encombrée et ne le sera probablement pas dans le courant de l'année, l'abondance de la récolte des céréales en France ne faisant prévoir aucune importation extraordinaire de grains par le port de Marseille. Il n'y a donc aucune difficulté à redouter de ce côté.

Le seul obstacle sérieux à la rapidité des chargements et à la régularité des expéditions provient de l'insuffisance des gares, dont l'étendue trop restreinte ne peut se prêter, malgré de laborieux efforts, qu'à des manutentions hors de proportion avec les besoins les plus ordinaires : voies de garage, longueur nécessaire de quais de chargement et de déchargement, gares de triage, espaces suffisants pour la réception et le classement des marchandises, tout fait également défaut.

La gare de Montpellier, déjà trop étroite pour les besoins locaux, puisque des engorgements de marchandises s'y étaient déjà produits à différentes reprises, a encore été réduite, depuis trois ans, par suite de la concession ou de la location à la Compagnie des chemins de fer du Midi d'un tiers de la surface, pour les besoins de l'exploitation de la ligne de Paulhan et de Rodez. C'est de là que provient tout le mal dont nous avons à nous plaindre, et l'expérience des dernières années l'a prouvé d'une manière irrécusable.

La Chambre comprend très-bien qu'un agrandissement complet des gares, et toutes les modifications qu'elle juge indispensables, ne peuvent s'improviser et avoir un effet utile dans un intervalle de temps assez rapproché pour mettre fin instantanément aux difficultés actuelles. Mais quelques mesures peuvent être prises immédiatement pour dégager les gares, et nous recommanderons, entre autres choses, la prise de possession par voie administrative, avec consignation préalable de leur valeur présumée et des intérêts à courir, des terrains nécessaires pour l'établissement, aux abords des gares ou ailleurs, des voies de garage nécessaires à des approvisionnements de waggons, de gares de triage, de dépôts de marchandises, fussent-ils même provisoires, et leur appropriation immédiate.

La Compagnie de Paris à Lyon et à la Méditerranée peut citer des précédents de pareilles mesures prises en sa faveur sur la rive gauche du Rhône; et, si elle veut dégager sa responsabilité et diminuer les dommages que son inaction cause aux tributaires d'une des parties les plus importantes de son réseau, elle ne doit pas hésiter à employer toute son activité à réparer le temps perdu, et à faire tout ce qui est humainement possible pour atténuer une crise qu'elle ne peut attribuer qu'à elle-même.

Elle doit certainement s'attendre à des sacrifices d'argent, qu'elle recouvrera au décuple avant la fin de l'année, soit par la simplification du service intérieur de ses gares, soit par la réduction des indemnités de retard qu'elle ne peut manquer d'encourir, soit par un accroissement dans la quantité de ses transports.

Mais il faut agir, agir promptement. Vous voudrez bien ne pas perdre de vue, Monsieur le Ministre, que la Chambre défend des intérêts dont la valeur représente des centaines de millions, et que, dans les circonstances actuelles, plus que jamais, il serait profondément regrettable qu'ils ne trouvassent pas dans les conseils du Gouvernement une efficace protection.

Aux moyens déjà recommandés par la Chambre, pour atténuer la crise des transports, elle peut en ajouter un autre, qui lui paraît devoir n'offrir que peu de difficultés et pouvoir être immédiatement appliqué.

Les grandes quantités de marchandises qui sont versées par les chemins de fer du Midi, dans les gares de P.-L.-M. à Cette et à Montpellier, pour être réexpédiées à Paris et dans le nord de la France, et dont le triage et le transbordement exigent des emplacements, un temps et un matériel considérables, est évidemment une des principales causes des encombrements qui se produisent dans ces gares.

Si le point de partage des chemins de fer du Midi, pour l'expédition des vins pour Paris par tarif spécial, qui est aujourd'hui fixé à Lézignan (Aude) ou dans une gare voisine, était provisoirement reporté à Cette et à Montpellier, tous les produits des Pyrénées-Orientales, de l'arrondissement de Narbonne et de la partie ouest du département de l'Hérault, dépendant de cette ligne, seraient expédiées par le Midi et l'Orléans, et déchargeraient d'autant le réseau de P.-L.-M. D'après ce plan, chacune des deux Compagnies expédierait directement, par son propre réseau, les marchandises qui lui seraient remises pour le Nord, sans emprunter le secours de l'autre.

Mais il faudrait pour cela que, soit par l'établissement de tarifs différentiels, soit par l'emploi de tout autre moyen qu'il ne nous appartient pas de déterminer, le prix des transports de tous les points de la ligne du Midi, ainsi desservis, ne fût pas plus élevé que ce qu'il l'est aujourd'hui par les voies actuellement employées.

Il est évident que, si ces prix étaient moins élevés par une des deux lignes que par l'autre, les marchandises ne cesseraient pas d'y être apportées de préférence, les Compagnies ne pouvant se refuser à les recevoir, et que les encombrements s'y produiraient comme auparavant.

La Chambre recommande ces nouvelles observations à la sollicitude de Votre Excellence, et espère qu'elle voudra bien leur prêter toute son attention.

Le Président de la Chambre de commerce,
Henri PAGÉZY.